冶金工业建设工程预算定额

（2012 年版）

第十二册　冶金施工机械台班费用定额

北　京

冶 金 工 业 出 版 社

2013

图书在版编目(CIP)数据

冶金工业建设工程预算定额:2012年版.第十二册,冶金施工机械台班费用定额/冶金工业建设工程定额总站编.—北京:冶金工业出版社,2013.1

ISBN 978-7-5024-6117-1

Ⅰ.①冶… Ⅱ.①冶… Ⅲ.①冶金工业—施工机械—费用—工时定额—中国 Ⅳ.①TU723.3

中国版本图书馆 CIP 数据核字(2012)第 282281 号

出 版 人　谭学余
地　　　址　北京北河沿大街嵩祝院北巷 39 号,邮编 100009
电　　　话　(010)64027926　电子信箱 yjcbs@ cnmip. com. cn
责任编辑　李培禄　于昕蕾　美术编辑　彭子赫　版式设计　孙跃红
责任校对｀李　娜　刘　倩　责任印制　牛晓波
ISBN 978-7-5024-6117-1
冶金工业出版社出版发行;各地新华书店经销;三河市双峰印刷装订有限公司印刷
2013 年 1 月第 1 版,2013 年 1 月第 1 次印刷
850mm×1168mm　1/32;5.75 印张;153 千字;170 页
40.00 元
冶金工业出版社投稿电话:(010)64027932　投稿信箱:tougao@cnmip. com. cn
冶金工业出版社发行部　电话:(010)64044283　传真:(010)64027893
冶金书店　地址:北京东四西大街 46 号(100010)　电话:(010)65289081(兼传真)
(本书如有印装质量问题,本社发行部负责退换)

冶金工业建设工程定额总站　文件

冶建定[2012]52 号

关于颁发《冶金工业建设工程预算定额》(2012 年版)的通知

为适应冶金工业建设工程的需要,规范冶金建筑安装工程造价计价行为,指导企业合理确定和有效控制工程造价,由总站组织冶金系统造价专业人员修编的《冶金工业建设工程预算定额》(2012 年版)已经完成。经审查,现予以颁发,自 2012 年 11 月 1 日起施行。原冶金工业建设工程定额总站颁发的《冶金工业建设工程预算定额》(2001 年版)(共十四册)同时停止执行。

本定额由冶金工业建设工程定额总站负责具体解释和日常管理。

冶金工业建设工程定额总站

二〇一二年九月十九日

综 合 组：张德清　林希琤　赵　波　陈　月　张连生　吴永钢　吴新刚　万　缨　乔锡凤　文　萃

　　　　　　孙旭东　陈国裕　郭绍君　付文东　郑　云　朱四宝　杨　明　徐战艰　张福山

主 编 单 位：冶金工业建设工程定额总站

副主编单位：冶金工业武汉预算定额站

参 编 单 位：中国一冶集团有限公司

协 编 单 位：鹏业软件股份有限公司

主　　　编：余铁明　宋　莱

副 主 编：喻建华

参 编 人 员：王小玲　姚　波　刘　畅　高　飒

编 辑 排 版：赖勇军

总　说　明

一、《冶金工业建设工程预算定额》(2012年版)共分十四册,包括:

第一册《土建工程》(上、下册)

第二册《地基处理工程》

第三册《机械设备安装工程》(上、下册)

第四册《电气设备安装工程》

第五册《自动化控制仪表安装工程、消防及安全防范设备安装工程》

第六册《金属结构件制作与安装工程》

第七册《总图运输工程》

第八册《刷油、防腐、保温工程》

第九册《冶金炉窑砌筑工程》

第十册《工艺管道安装工程》

第十一册《给排水、采暖、通风、除尘管道安装工程》

第十二册《冶金施工机械台班费用定额》

第十三册《材料预算价格》

第十四册《冶金工厂建设建筑安装工程费用定额》

二、《冶金工业建设工程预算定额》(2012年版)(以下简称本定额)是完成规定计量单位分项工程计价所需的人工、材料、施工机械台班的指导性消耗量标准;是统一冶金建筑安装工程预算工程量计算规则、项目划分、计量单位的依据;是编制冶金建筑安装工程施工图预算、招标控制价、确定工程造价的依据;是编制概算定额(指标)、投资估算指标的基础;也可作为制定企业定额和投标报价的基础;其中建筑安装工程的工程量计算规则、项目划分、计量单位、工作内容等也可作为实行工程量清单计价、编制冶金建筑安装工程量清单的基础依据。

三、本定额适用于冶金工厂的生产车间和与之配套的辅助车间、附属生产车间的新建、扩建工程(包括技术改造工程)。

四、本定额是依据国家及冶金行业现行有关产品标准、设计规范、施工及验收规范、技术操作规程、质量评定标准和安全操作规程编制的,同时也参考了有代表性的工程设计、施工资料和其他资料。

五、本定额是按目前冶金施工企业普遍采用的施工方法、机械化装备程度、合理的工期、施工工艺和劳动组织条件,同时也参考了目前冶金建筑市场招投标工程的中标价格行情进行编制的,基本上反映了冶金建筑市场目前的投标价格水平。

六、本定额基价为2012年基期市场价格的水平,是建筑安装工程费用定额进行取费的基础。为维护冶金建筑市场正常秩序和参建各方的合法权益,本基价应根据冶金建筑安装工程市场要素(人工、材料、机械)价格的变化情况,进行动态管理。冶金行业各单位的工程造价管理部门,可根据社会发展和施工技术水平的进步,依据典型工程的测算,适时发布不同类型(别)工程的调整系数,对其进行调整,使之与冶金建筑市场的招投标价格行情基本上相适应。

七、本定额是按下列正常的施工条件进行编制的：

1. 设备、材料、成品、半成品、构件完整无损，符合质量标准和设计要求，附有合格证书、实验记录和技术说明书。

2. 安装工程和土建工程之间的交叉作业正常。如施工与生产同时进行时，其降效增加费按人工费的10%计取。

3. 正常的气候、地理条件和施工环境。如在特殊的自然地理条件下进行施工的工程，如高原、高寒、沙漠、沼泽地区以及洞库、水下工程，其增加费用应按省、自治区、直辖市的有关规定执行；如省、自治区、直辖市无规定时，可按有关部门的规定执行。

4. 如在有害身体健康的环境中施工时，其降效增加费按人工费的10%计取。

5. 水、电供应均满足建筑安装工程施工正常使用。

6. 安装地点、建筑物、设备基础、预留孔洞等均符合安装要求。

八、人工工日消耗量的确定：

1. 本定额的人工工日以综合工日表示，包括基本用工和其他用工。

2. 基价中的定额综合工日单价采用2011年市场调查综合取定。其中：建筑工程75元/工日，安装工程80元/工日，包括基本工资、辅助工资和工资性津贴等。

九、材料消耗量的确定：

1. 本定额中的材料消耗量包括直接消耗在建筑安装工作内容中的主要材料、辅助材料和零星材料等,并计入了相应损耗。其内容和范围包括:从工地仓库、现场集中堆放地点或现场加工地点到操作或安装地点的运输损耗、施工操作损耗、施工现场堆放损耗。

2. 凡定额中未注明单价的材料均为主材,本定额基价中不包括其价格,应按"( )"内所列的用量,向材料供应商询价、招标采购或按经建设单位批准认可的工程所在地的市场价格进行采购,计算工程招投标书中的材料价格。

3. 本定额基价的材料单价是采用《冶金工业建设工程预算定额》(2012 年版)第十三册《材料预算价格》取定的,不足部分予以补充。

4. 用量少、对定额基价影响很小的零星材料合并为其他材料费,按占定额基价中材料费的百分比计算,以"元"表示,其费用已计入材料费内。具体占材料费的百分数,详见各册说明。

5. 施工措施性消耗部分,周转性材料按不同施工方法、不同材质分别列出一次使用量和一次摊销量。

6. 主要材料损耗率见各册附录。

十、施工机械台班消耗量的确定:

1. 本定额的机械台班消耗量是按正常合理的机械配备和冶金施工企业的机械化装备程度综合取定的。

2. 凡单位价值在 2000 元以内、使用年限在两年以内的不构成固定资产的工具、用具等未进入定额,已在建筑安装工程费用定额中考虑。

3. 本定额基价中的施工机械使用费是采用《冶金工业建设工程预算定额》(2012 年版)第十二册《冶金施工机械台班费用定额》中的台班单价计算的。其中允许在公路上行走的机械,需要交纳车船使用税的机型,机械台班使用费单价中已包括车船使用税、保险费、年检费等其他费用。

4. 零星小型机械对定额影响不大的,合并为其他机械费,按占机械使用费的百分比计算,以"元"表示,其费用已计入机械使用费内。具体占机械费的百分数,详见各册说明。

十一、施工仪器仪表台班消耗量的确定:

1. 本定额的施工仪器仪表消耗量是按冶金施工企业的现场校验仪器仪表配备情况综合取定的,实际与定额不符时,除各章另有说明外,均不作调整。

2. 凡单位价值在 2000 元以内、使用年限在两年以内的不构成固定资产的施工仪器仪表等未进入定额,已在建筑安装工程费用定额中考虑。

3. 施工仪器仪表台班单价,是按 2000 年建设部颁发的《全国统一安装工程施工仪器仪表台班费用定额》计算的。

十二、关于水平和垂直运输:

1. 设备:包括自安装现场指定堆放地点运至安装地点的水平和垂直运输。

2. 材料、成品、半成品:包括自施工单位现场仓库或现场指定堆放地点运至建筑安装地点的水平和垂直运输。

3. 垂直运输基准面:室内以室内地平面为基准面,室外以安装现场地平面为基准面。

十三、本定额适用于海拔高程 2000m 以下、地震烈度七度以下的地区,超过上述情况时,可结合具体情况,由建设单位与施工单位在合同中约定。

十四、本定额中注有"XXX 以内"或"XXX 以下"者均包括 XXX 本身,"XXX 以外"或"XXX 以上"者均不包括 XXX 本身。

十五、本说明未尽事宜,详见各册和各章、节的说明。

目　录

册　说　明

一、《冶金工业建设工程预算定额》(2012年版)第十二册《冶金施工机械台班费用定额》是根据建设部颁发的《全国统一施工机械台班费用编制规则》(建标字[2001]196号)规定,以《全国统一施工机械台班费用定额》和《全国统一施工机械保养修理技术经济定额》为基础,结合目前冶金工厂施工机械设备配置状况,在原《冶金施工机械台班费用定额》(2001年版)的基础上进行修订的。

本册定额是作为编制《冶金工业建设工程预算定额》(2012年版)各册定额子目基价中计算施工机械使用费的基础依据,也可作为确定施工机械台班、机械停滞费和机械租赁费的参考。

二、本册定额由以下七项费用组成:

1. 折旧费:指施工机械在规定的使用期限内陆续收回其原值的费用。

2. 大修理费:指施工机械按规定的大修间隔台班必须进行大修理,以恢复其正常功能所需的费用。

3. 经常修理费:指施工机械除大修以外的各级保养(包括一级、二级、三级保养)及临时故障排除所需的费用;为保障机械正常运转所需替换设备、随机使用工具、附具摊销和维护的费用;机械运转与日常保养所需润滑油脂、擦拭料(布及棉纱)费用和机械停滞期间的维护保养费用等。

4. 安拆及场外运输费:

安拆费:指施工机械在施工现场进行安装、拆卸所需的人工费、材料费、机械费、试运转费以及机械辅助设施的折旧、搭设、拆除等费用。

场外运输费:指施工机械整体或分体自停放地点运至施工现场或由一施工地点运至另一施工地点的运输、装卸、辅助材料及架线等费用。

该项费用根据施工机械不同类型分为计入台班单价、单独计算和不计算三种类型：

(1)工地间移动较为频繁的小型机械及少数中型机械的安拆费和场外运费已计入台班单价；

(2)移动有一定难度的特、大型(包括少数中型)机械的安拆费和场外运费单独计算(见附表)；

(3)不需安装、拆卸且自身又能开行的机械,不计算安装、拆卸费,其场外运费按其开行时间乘以其台班单价计算。

5.燃料动力费:指机械在运转施工作业中所消耗的电力、固体燃料(煤、木柴)、液体燃油(汽油、柴油)、水和风力费,本册定额中燃料动力费单价是综合取定的价格(见附表)。

6.人工费:指机上司机、司炉及其他操作人员的工作日以及上述人员在机械规定年工作台班以外的费用。本册定额中人工工日单价按75元/工日计算。

7.其他费用:依据《国务院关于实施成品油价格和税费的通知》(国发[2008]37号)要求,取消了"养路费",将车船使用税、年保险费、年检费用列入"其他费用"。

三、本册定额每台班按八小时工作制计算,不足四小时计半个台班,超过四小时计一个台班。

四、本册定额中折旧费、大修理费、经常修理费、安拆费及场外运输费原则上由"全国统一施工机械台班费用定额管理组"根据市场价格变化适时进行调整,燃料动力消耗数量、人工工日数量一般不作调整,但其价格可由各企业按照本地区有关部门公布的价格和人工费标准进行换算和调整。

五、本册定额折旧年限是按照财政部文件中规定的折旧年限范围,根据相关资料综合确定;年折现率按中国人民银行2011年一年期贷款利率6.56%确定,计算时间价值系数。

六、关于附表的说明:本册定额附表一~附表三供参考。表中未列入的,可根据实际情况另行计算。

附表一:塔式起重机基础及轨道铺拆费用表

1.轨道铺拆费以直线型为准,如铺设弧线型时,乘以系数1.15计算。

2.固定式基础未考虑打桩,如需打桩,则其打桩费用另列项目计算。

3.轨道和枕木间增加其他型钢或钢板的轨道、自升塔式起重机行走轨道、不带配重的自升塔式起重机固定式基础、施工电梯和混凝土搅拌站基础,本册定额未包括。

附表二:特大型机械每安装、拆卸一次费用表

1.安装拆除费中已包括机械安装完毕后试运转费用。

2.自升塔式起重机的安拆费是以塔高70m确定的,如塔高超过70m时,每增高10m,安拆费增加20%,其增高部分的折旧费,按相应定额子目折旧费的5%计算,并入台班基价中。

附表三:特大型机械场外运输费用表

1.场外运输费已包括机械的回程费用。

2.场外运输费为运距25km以内的机械进出场费用,超过25km时,其超过部分按交通运输部门运费标准计算,不参与取费(税金除外)。

七、施工机械停滞费:施工机械停滞费指施工机械非自身原因停滞期间所发生的费用。发生时可按下列公式计算:

$$机械停滞费 = 台班折旧费 + 台班人工费 + 台班其他费用$$

八、本册定额凡注明"×××"以内者,均含"×××"本身;注明"×××"以外者,均不含"×××"本身。

九、本册定额的材料预算价格取定参见附表四。

第一章　施工机械台班单价

一、土石方及筑路机械

定 额 编 号				JY0100010	JY0100020	JY0100030	JY0100040	JY0100050	JY0100060	JY0100070	JY0100080	JY0100090
项 目	单位	单价(元)		松 土 机		除荆机	除根机	履 带 式 推 土 机				
				松土深度(m)		清除宽度(m)		功		率(kW)		
				0.5以内	1以内	4以内	1.5以内	50	55	60	75	90
基 价	元			**1110.07**	**1145.74**	**1110.14**	**1100.72**	**536.02**	**582.92**	**638.24**	**917.94**	**1068.71**
第一类费用	折旧费	元	–	187.63	191.43	180.48	175.25	41.56	42.50	43.82	126.22	179.86
	大修理费	元	–	47.25	55.53	48.75	47.67	10.10	11.12	12.25	34.93	49.78
	经常修理费	元	–	134.68	158.27	140.40	137.29	26.26	28.92	31.85	90.82	129.42
	第一类费用小计	元	–	369.56	405.23	369.63	360.21	77.92	82.54	87.92	251.97	359.06
第二类费用	机上人工	工日	75.000	3.57	3.57	3.57	3.57	2.50	2.50	2.50	2.50	2.50
	柴油	kg	8.700	54.34	54.34	54.34	54.34	30.40	35.26	41.00	53.99	59.01
	其他费用	元	–	–	–	–	–	6.12	6.12	6.12	8.76	8.76
	第二类费用小计	元	–	740.51	740.51	740.51	740.51	458.10	500.38	550.32	665.97	709.65

定额编号			JY0100100	JY0100110	JY0100120	JY0100130	JY0100140	JY0100150	JY0100160	JY0100170	JY0100180
项目	单位	单价(元)	履 带 式 推 土 机					湿 地 推 土 机			轮胎式推土机
			功				率(kW)				
			105	135	165	240	320	105	135	165	150
基 价	元		**1087.04**	**1300.97**	**1609.39**	**2010.05**	**2124.59**	**1004.00**	**1429.05**	**1562.81**	**1625.28**
第一类费用 折旧费	元	–	188.61	269.24	397.20	577.83	639.24	202.97	381.59	424.68	294.92
大修理费	元	–	52.20	74.51	109.92	159.91	176.90	48.56	91.30	101.61	57.68
经常修理费	元	–	135.71	193.72	285.79	321.41	327.27	119.47	224.59	249.96	201.89
第一类费用小计	元	–	376.52	537.47	792.91	1059.15	1143.41	371.00	697.48	776.25	554.49
第二类费用 机上人工	工日	75.000	2.50	2.50	2.50	2.50	2.50	2.50	2.50	2.50	2.50
柴油	kg	8.700	59.11	65.20	71.29	86.52	90.00	50.20	61.53	67.85	100.30
其他费用	元	–	8.76	8.76	8.76	10.68	10.68	8.76	8.76	8.76	10.68
第二类费用小计	元	–	710.52	763.50	816.48	950.90	981.18	633.00	731.57	786.56	1070.79

定额编号			JY0100190	JY0100200	JY0100210	JY0100220	JY0100230	JY0100240	JY0100250	JY0100260	JY0100270
项目	单位	单价(元)	自 行 式 铲 运 机 （ 单 引 擎 ）							自行式铲运机(双引擎)	
			斗 容 量（ m³ ）								
			3	4	6	7	8	10	12	23	
基 价	元		**945.29**	**1046.62**	**1148.49**	**1268.05**	**1272.70**	**1372.59**	**1584.78**	**2576.69**	**3927.27**
第一类费用 折旧费	元	－	191.90	284.67	292.77	295.32	297.88	302.99	399.64	538.66	1493.23
大修理费	元	－	53.52	56.15	59.22	65.58	66.15	67.28	88.74	183.65	263.69
经常修理费	元	－	143.43	149.36	158.71	175.75	177.27	180.31	237.83	492.17	706.70
第一类费用小计	元	－	388.85	490.18	510.70	536.65	541.30	550.58	726.21	1214.48	2463.62
第二类费用 机上人工	工日	75.000	3.13	3.13	3.13	3.13	3.13	3.13	3.13	3.13	3.13
柴油	kg	8.700	34.82	34.82	44.17	54.93	54.93	65.33	69.51	127.40	139.02
其他费用	元	－	18.76	18.76	18.76	18.76	18.76	18.89	19.08	19.08	19.43
第二类费用小计	元	－	556.44	556.44	637.79	731.40	731.40	822.01	858.57	1362.21	1463.65

定 额 编 号			JY0100280	JY0100290	JY0100300	JY0100310	JY0100320	JY0100330	JY0100340	JY0100350
项　　目	单位	单价(元)	拖　式　铲　运　机				平　　　地　　　机			
			斗　　容　　量(m³)				功　　　　率(kW)			
			3	7	10	12	75	90	120	132
基　　价	元		**639.57**	**1077.95**	**1217.32**	**1337.79**	**788.92**	**816.86**	**1139.55**	**1247.09**
第一类费用	折旧费	元	–	34.58	118.90	138.07	163.05	156.13	154.26	231.08	259.18
	大修理费	元	–	14.43	49.10	57.02	67.34	28.12	34.82	52.16	58.51
	经常修理费	元	–	47.48	161.55	187.61	221.54	97.02	120.13	179.96	201.84
	第一类费用小计	元	–	96.49	329.55	382.70	451.93	281.27	309.21	463.20	519.53
第二类费用	机上人工	工日	75.000	3.13	3.13	3.13	3.13	2.50	2.50	2.50	2.50
	柴油	kg	8.700	35.44	59.04	68.95	74.84	35.44	35.44	54.79	60.63
	其他费用	元	–	–	–	–	–	11.82	11.82	12.18	12.58
	第二类费用小计	元	–	543.08	748.40	834.62	885.86	507.65	507.65	676.35	727.56

定　额　编　号			JY0100360	JY0100370	JY0100380	JY0100390	JY0100400	JY0100410	JY0100420	JY0100430	JY0100440
项　　目	单位	单价(元)	平　　地　　机			轮　胎　式　装　载　机					
			功　　率(kW)			斗　　容　　量(m³)					
			150	180	220	0.5	1	1.5	2	2.5	3
基　　价	元		**1375.32**	**1600.42**	**1961.28**	**638.44**	**771.81**	**895.43**	**1026.00**	**1129.18**	**1286.93**
第一类费用	折旧费	元	–	291.03	343.49	454.52	5.73	71.94	107.90	144.81	153.33	195.93
	大修理费	元	–	65.69	77.54	102.60	12.73	15.97	23.71	31.82	33.69	43.05
	经常修理费	元	–	226.65	267.50	353.97	45.31	56.86	84.40	113.27	119.93	153.25
	第一类费用小计	元	–	583.37	688.53	911.09	63.77	144.77	216.01	289.90	306.95	392.23
第二类费用	机上人工	工日	75.000	2.50	2.50	2.50	2.08	2.08	2.08	2.08	2.08	2.08
	柴油	kg	8.700	67.99	81.73	97.58	46.71	52.73	58.75	65.22	75.11	83.44
	其他费用	元	–	12.94	13.34	13.74	12.29	12.29	12.29	12.69	12.77	12.77
	第二类费用小计	元	–	791.95	911.89	1050.19	574.67	627.04	679.42	736.10	822.23	894.70

定额编号			JY0100450	JY0100460	JY0100470	JY0100480	JY0100490	JY0100500	JY0100510	JY0100520	JY0100530	JY0100540
项 目	单位	单价(元)	轮胎式装载机		履 带 式 拖 拉 机							
			斗容量(m³)		功			率(kW)				
			3.5	5	55	60	75	90	105	120	135	165
基 价 元			**1406.55**	**1481.03**	**608.51**	**657.92**	**875.97**	**1058.11**	**1206.62**	**1267.14**	**1467.72**	**1772.01**
第一类费用	折旧费	元	–	216.09	252.71	36.78	38.32	96.80	163.00	180.42	208.73	237.04	313.86
	大修理费	元	–	47.48	55.78	7.78	11.97	29.93	50.39	55.78	64.53	73.28	97.03
	经常修理费	元	–	169.02	198.58	20.85	32.08	80.20	135.05	149.48	172.94	196.39	260.04
	第一类费用小计	元	–	432.59	507.07	65.41	82.37	206.93	348.44	385.68	446.20	506.71	670.93
第二类费用	机上人工	工日	75.000	2.08	2.08	2.50	2.50	2.50	2.50	2.50	2.50	2.50	2.50
	柴油	kg	8.700	92.55	92.55	40.17	43.90	54.34	59.01	71.80	71.80	87.90	104.00
	其他费用	元	–	12.77	12.77	6.12	6.12	8.78	8.78	8.78	8.78	8.78	8.78
	第二类费用小计	元	–	973.96	973.96	543.10	575.55	669.04	709.67	820.94	820.94	961.01	1101.08

定　额　编　号			JY0100550	JY0100560	JY0100570	JY0100580	JY0100590	JY0100600	JY0100610	JY0100620
项　目	单位	单价(元)	轮胎式拖拉机		手扶式拖拉机	履　带　式　单　斗　挖　掘　机　(液　压)				
			功　率(kW)			斗　　容　　量(m³)				
			21	41	9	0.6	0.8	1	1.25	1.6
基　　价	元		**396.17**	**577.43**	**294.14**	**746.38**	**1163.90**	**1307.60**	**1473.89**	**1692.52**
第一类费用	折旧费	元	−	18.86	33.44	6.66	152.32	306.83	325.09	343.96	353.71
	大修理费	元	−	8.89	15.77	4.22	38.48	77.51	82.12	86.89	89.35
	经常修理费	元	−	18.76	33.27	8.90	86.19	163.55	173.28	183.34	188.53
	第一类费用小计	元	−	46.51	82.48	19.78	276.99	547.89	580.49	614.19	631.59
第二类费用	机上人工	工日	75.000	2.50	2.50	2.50	2.27	2.27	2.27	2.27	2.27
	柴油	kg	8.700	17.50	34.20	8.99	33.68	50.23	63.00	78.24	101.37
	其他费用	元	−	9.91	9.91	8.65	6.12	8.76	8.76	8.76	8.76
	第二类费用小计	元	−	349.66	494.95	274.36	469.39	616.01	727.11	859.70	1060.93

定　额　编　号			JY0100630	JY0100640	JY0100650	JY0100660	JY0100670	JY0100680	JY0100690	JY0100700	JY0100710
项　　　目	单位	单价(元)	履带式单斗挖掘机 （液压）		履带式单斗挖掘机 （机械）		轮斗挖掘机		轮胎式单斗液压挖掘机		
			斗			容			量（m³）		
			2	2.5	1	1.5	0.05 以内	0.09 以内	0.2	0.4	0.6
基　　　价	元		**1605.34**	**1782.11**	**1114.35**	**1357.76**	**871.42**	**1284.99**	**573.75**	**596.69**	**624.38**
第一类费用 折旧费	元	－	383.23	418.24	260.26	279.43	67.99	126.18	64.13	74.39	86.32
大修理费	元	－	96.81	105.65	65.75	70.59	19.14	35.52	23.40	26.86	31.17
经常修理费	元	－	204.27	222.93	182.77	196.24	54.54	101.22	62.24	71.46	82.91
第一类费用小计	元	－	684.31	746.82	508.78	546.26	141.67	262.92	149.77	172.71	200.40
第二类费用 机上人工	工日	75.000	2.27	2.50	2.27	2.27	3.33	3.33	2.08	2.08	2.08
柴油	kg	8.700	85.29	96.44	49.03	72.70	54.60	88.20	30.23	30.23	30.23
其他费用	元	－	8.76	8.76	8.76	8.76	4.98	4.98	4.98	4.98	4.98
第二类费用小计	元	－	921.03	1035.29	605.57	811.50	729.75	1022.07	423.98	423.98	423.98

定 额 编 号				JY0100720	JY0100730	JY0100740	JY0100750	JY0100760	JY0100770	JY0100780	JY0100790
项 目		单位	单价(元)	拖式羊角碾（单筒）	拖式羊角碾（双筒）	光 轮 压 路 机 （内 燃）					
				不 加 载 重 量(t)							
				3	6	8	12	15	18	20	
基 价		元		**26.67**	**48.37**	**427.84**	**499.80**	**651.96**	**765.45**	**1110.75**	**1121.84**
第一类费用	折旧费	元	–	6.41	11.33	70.57	73.69	97.43	107.42	116.16	121.99
	大修理费	元	–	2.24	3.97	15.11	15.78	20.87	23.01	24.88	26.13
	经常修理费	元	–	13.10	23.17	48.52	50.66	66.98	73.85	79.86	83.87
	安装拆卸费	元	–	4.92	9.90	–	–	–	–	–	–
	第一类费用小计	元	–	26.67	48.37	134.20	140.13	185.28	204.28	220.90	231.99
第二类费用	机上人工	工日	75.000	–	–	2.50	2.50	2.50	2.50	2.50	2.50
	柴油	kg	8.700	–	–	12.20	19.79	32.09	42.95	80.73	80.73
	第二类费用小计	元	–	–	–	293.64	359.67	466.68	561.17	889.85	889.85

定　额　编　号	单位	单价(元)	JY0100800	JY0100810	JY0100820	JY0100830	JY0100840	JY0100850	JY0100860	JY0100870	JY0100880
项　目			振　动　压　路　机						手扶振动压实机	轮胎压路机	
			工　作　质　量(t)						重量(t)	不加载重量(t)	
			6	8	10	12	15	18	1	9	12.9/30
基　　　价	元		**544.73**	**707.71**	**859.89**	**1008.64**	**1312.33**	**1569.36**	**366.12**	**620.00**	**1038.73**
第一类费用 折旧费	元	－	92.19	113.08	128.92	143.20	173.98	211.15	21.66	54.68	211.45
大修理费	元	－	25.98	31.87	36.33	40.35	49.03	59.50	8.84	20.53	62.57
经常修理费	元	－	80.02	98.16	111.90	124.29	151.01	183.27	34.14	81.93	249.65
安装拆卸费	元	－	－	－	－	－	－	－	2.05	－	－
第一类费用小计	元	－	198.19	243.11	277.15	307.84	374.02	453.92	66.69	157.14	523.67
第二类费用 机上人工	工日	75.000	2.50	2.50	2.50	2.50	2.50	2.50	3.33	2.50	2.50
柴油	kg	8.700	18.28	31.85	45.43	59.00	86.30	106.66	5.71	30.00	36.00
其他费用	元	－	－	－	－	－	－	－	－	14.36	14.36
第二类费用小计	元	－	346.54	464.60	582.74	700.80	938.31	1115.44	299.43	462.86	515.06

定 额 编 号			JY0100890	JY0100900	JY0100910	JY0100920	JY0100930	JY0100940	JY0100950
项 目	单位	单价(元)	双钢轮压路机	夯实机(电动)	夯实机(内燃)	装岩机(气动)	装 岩 机 （电 动）		
			不加载重量(t)	夯击能力(N·m)	夯足直径(mm)	斗 容 量 (m³)			
			16	20～62	265	0.12	0.2	0.4	0.6
基 价	元		**1807.20**	**33.64**	**35.72**	**840.76**	**320.98**	**366.04**	**419.47**
第一类费用	折旧费	元	–	521.75	5.02	4.66	22.22	27.11	31.86	41.47
	大修理费	元	–	154.39	2.12	1.97	6.50	7.93	9.32	12.01
	经常修理费	元	–	616.00	9.82	9.12	13.39	13.48	15.84	20.41
	安装拆卸费	元	–	–	2.57	2.57	11.00	11.00	11.00	11.00
	第一类费用小计	元	–	1292.14	19.53	18.32	53.11	59.52	68.02	84.89
第二类费用	机上人工	工日	75.000	2.50	–	–	2.78	2.78	2.78	2.78
	柴油	kg	8.700	36.00	–	2.00	–	–	–	–
	电	kW·h	0.850	–	16.60	–	–	62.30	105.32	148.33
	风	m³	0.165	–	–	–	3510.00	–	–	–
	其他费用	元	–	14.36	–	–	–	–	–	–
	第二类费用小计	元	–	515.06	14.11	17.40	787.65	261.46	298.02	334.58

定　额　编　号			JY0100960	JY0100970	JY0100980	JY0100990	JY0101000	JY0101010	JY0101020
项　目	单位	单价(元)	风动凿岩机		内燃凿岩机	凿　岩　钻　车		汽车式沥青喷洒机	
								箱容量(L)	
			气腿式	手持式	YN30A	轮胎式	履带式	4000	7500
基　　价	元		**176.65**	**158.18**	**328.04**	**1068.33**	**1287.14**	**948.57**	**1187.88**
第一类费用 折旧费	元	–	3.83	3.24	5.32	87.82	139.63	143.64	262.30
第一类费用 大修理费	元	–	1.91	1.61	2.72	16.80	26.71	38.54	70.37
第一类费用 经常修理费	元	–	13.44	11.37	19.60	31.41	45.94	65.13	118.93
第一类费用 安装拆卸费	元	–	1.54	1.54	1.54	11.00	11.00	–	–
第一类费用 第一类费用小计	元	–	20.72	17.76	29.18	147.03	223.28	247.31	451.60
第二类费用 机上人工	工日	75.000	–	–	2.50	2.78	2.78	5.00	5.00
第二类费用 汽油	kg	10.050	–	–	–	–	–	31.23	–
第二类费用 柴油	kg	8.700	–	–	12.80	–	–	–	40.03
第二类费用 风	m³	0.165	945.00	851.00	–	4320.00	5184.00	–	–
第二类费用 其他费用	元	–	–	–	–	–	–	12.40	13.02
第二类费用 第二类费用小计	元	–	155.93	140.42	298.86	921.30	1063.86	701.26	736.28

定 额 编 号				JY0101030	JY0101040	JY0101050	JY0101060	JY0101070	JY0101080	JY0101090	JY0101100
项 目		单位	单价(元)	沥 青 混 凝 土 摊 铺 机				沥青混凝土摊铺机(带自动找平)		沥青搅拌站	
				载 重 量(t)						摊铺宽度(m)	生产能力(t/h)
				4	6	8	12	8	12	9	320
基 价		元		**753.21**	**803.50**	**996.44**	**1194.23**	**1693.52**	**2749.47**	**4968.48**	**9972.54**
第一类费用	折旧费	元	–	–	102.28	155.81	214.94	227.72	747.54	1253.59	2917.11	6864.10
	大修理费	元	–	–	29.40	44.79	61.78	65.46	97.64	172.57	421.67	1015.56
	经常修理费	元	–	–	57.92	88.23	121.71	128.95	120.09	212.26	518.65	1249.13
	第一类费用小计	元	–	–	189.60	288.83	398.43	422.13	965.27	1638.42	3857.43	9128.79
第二类费用	机上人工	工日	75.000	3.33	3.33	3.33	3.33	3.33	3.33	3.33	11.25
	汽油	kg	10.050	31.23	–	–	–	–	–	–	–
	柴油	kg	8.700	–	30.45	40.03	60.04	55.00	99.00	99.00	–
	第二类费用小计	元	–	563.61	514.67	598.01	772.10	728.25	1111.05	1111.05	843.75

定　额　编　号	单位	单价(元)	JY0101110	JY0101120	JY0101130	JY0101131	JY0101132	JY0101140	JY0101150	JY0101160	JY0101170
项　目	单位	单价(元)	强　　夯　　机　　械					钻头磨床	稳　定　土　拌　合　机		
			夯　击　能　量(kN·m)					电动	功　　率(kW)		
			1200	2000	3000	4000	6000		90	105	135
基　　　价	元		**1055.41**	**1804.17**	**1999.00**	**2430.57**	**4189.23**	**265.12**	**943.57**	**986.32**	**1311.40**
第一类费用 折旧费	元	–	353.47	754.66	806.80	998.40	1828.25	14.85	124.63	146.14	299.50
大修理费	元	–	70.19	149.85	160.20	198.17	362.89	2.07	33.35	39.10	80.14
经常修理费	元	–	159.32	340.15	363.65	449.85	823.75	4.69	84.70	99.32	203.55
第一类费用小计	元	–	582.98	1244.66	1330.65	1646.42	3014.89	21.61	242.68	284.56	583.19
第二类费用 机上人工	工日	75.000	2.50	2.50	2.50	2.50	2.50	3.13	2.50	2.50	2.50
柴油	kg	8.700	32.75	42.76	55.27	68.58	113.43	–	59.01	59.11	62.15
电	kW·h	0.850	–	–	–	–	–	10.30	–	–	–
第二类费用小计	元	–	472.43	559.51	668.35	784.15	1174.34	243.51	700.89	701.76	728.21

定 额 编 号			JY0101180	JY0101190	JY0101200	JY0101210	JY0101220	JY0101230
项 目	单位	单价(元)	颚 式 破 碎 机					颚式破碎机(机动)
			进 料		口(mm×mm)			
			250×400	250×500	400×600	500×750	600×900	250×440
基 价	元		**376.60**	**424.27**	**495.94**	**749.52**	**915.84**	**563.55**
第一类费用	折旧费	元	–	29.71	42.44	56.02	114.58	144.28	51.77
	大修理费	元	–	4.13	5.90	7.79	15.94	20.07	7.20
	经常修理费	元	–	55.99	79.98	105.58	215.95	271.94	97.57
	第一类费用小计	元	–	89.83	128.32	169.39	346.47	436.29	156.54
第二类费用	机上人工	工日	75.000	3.13	3.13	3.13	3.13	3.13	3.13
	柴油	kg	8.700	–	–	–	–	–	19.80
	电	kW·h	0.850	61.20	72.00	108.00	198.00	288.00	–
	第二类费用小计	元	–	286.77	295.95	326.55	403.05	479.55	407.01

二、打桩机械

定额编号			JY0200010	JY0200020	JY0200030	JY0200040	JY0200050	JY0200060	JY0200070	JY0200080
项 目	单位	单价(元)	履 带 式 柴 油 打 桩 机					轨道式柴油打桩机		
			冲 击 部 分 质 量(t)							
			2.5	3.5	5	7	8	0.8	1.2	1.8
基 价	元		**1146.16**	**1642.66**	**2876.73**	**3216.32**	**3333.68**	**391.84**	**799.58**	**947.07**
第一类费用	折旧费	元	–	429.82	764.70	1615.11	1850.03	1924.07	60.92	167.56	209.70
	大修理费	元	–	56.80	101.06	213.45	244.50	254.28	18.08	49.20	61.58
	经常修理费	元	–	110.77	197.07	416.23	459.66	478.06	40.85	111.20	139.16
	第一类费用小计	元	–	597.39	1062.83	2244.79	2554.19	2656.41	119.85	327.96	410.44
第二类费用	机上人工	工日	75.000	2.17	2.17	2.17	2.17	2.17	2.17	2.17	2.17
	柴油	kg	8.700	44.37	47.94	53.93	57.40	59.14	9.00	28.80	33.40
	电	kW·h	0.850	–	–	–	–	–	36.40	68.60	98.00
	第二类费用小计	元	–	548.77	579.83	631.94	662.13	677.27	271.99	471.62	536.63

定 额 编 号	单位	单价(元)	JY0200090	JY0200100	JY0200110	JY0200120	JY0200130	JY0200140
项 目			轨 道 式 柴 油 打 桩 机					导杆式柴油打桩机
			冲 击 部 分 质 量(t)					
			2.5	3.5	4	5 以内	7 以内	1.5
基 价	元		**1420.07**	**1889.08**	**2037.47**	**2158.74**	**2436.35**	**486.51**
第一类费用 折旧费	元	–	382.71	554.83	599.57	647.54	699.34	40.81
大修理费	元	–	112.38	162.92	176.06	190.14	205.36	9.71
经常修理费	元	–	253.98	368.20	397.89	429.73	464.10	42.25
第一类费用小计	元	–	749.07	1085.95	1173.52	1267.41	1368.80	92.77
第二类费用 机上人工	工日	75.000	2.17	2.17	2.17	2.17	2.17	2.17
柴油	kg	8.700	46.50	56.90	61.70	63.83	77.69	22.30
电	kW·h	0.850	122.00	171.00	193.42	203.83	269.29	43.50
第二类费用小计	元	–	671.00	803.13	863.95	891.33	1067.55	393.74

定 额 编 号			JY0200150	JY0200160	JY0200170	JY0200180	JY0200190	JY0200200	JY0200210	JY0200220	JY0200230
项 目	单位	单价(元)	蒸 汽 打 桩 机				重锤打桩机	振 动 沉 拔 桩 机			
			冲 击 部 分 质 量(t)					激 振 力(kN)			
			2.5 以内	5 以内	7 以内	10 以内	0.5 以内	300	400	500	600
基 价	元		**910.84**	**1093.87**	**1167.33**	**1385.55**	**238.26**	**982.32**	**1233.17**	**1499.49**	**1747.06**
第一类费用	折旧费	元	–	51.53	141.35	149.18	211.96	21.12	375.04	476.43	602.97	715.79
	大修理费	元	–	10.22	25.77	27.65	39.34	4.00	20.89	26.54	33.59	39.87
	经常修理费	元	–	23.09	58.25	62.50	88.90	9.05	114.69	145.69	184.38	218.89
	第一类费用小计	元	–	84.84	225.37	239.33	340.20	34.17	510.62	648.66	820.94	974.55
第二类费用	机上人工	工日	75.000	2.17	2.17	2.17	2.17	2.17	2.78	2.78	2.78	2.78
	柴油	kg	8.700	–	–	–	–	–	17.43	24.90	31.13	37.35
	煤	t	850.000	0.74	0.79	0.86	0.99	–	–	–	–	–
	电	kW·h	0.850	–	–	–	–	48.64	131.25	187.50	234.38	281.25
	水	t	4.000	5.00	5.00	5.00	6.00	–	–	–	–	–
	木柴	kg	0.950	15.00	15.00	15.00	18.00	–	–	–	–	–
	第二类费用小计	元	–	826.00	868.50	928.00	1045.35	204.09	471.70	584.51	678.55	772.51

定 额 编 号			JY0200231	JY0200240	JY0200250	JY0200260	JY0200270	JY0200280	JY0200290	JY0200300
项 目	单位	单价(元)	振动打桩锤	静力压桩机(蒸汽)		静 力 压 桩 机 (液 压)				
			VMZ	压			力(kN)			
			2500E	800	1200	900	1200	1600	2000	3000
基 价	元		**421.60**	**1196.19**	**1877.77**	**1373.94**	**1833.90**	**2274.50**	**3677.07**	**4492.90**
第一类费用	折旧费	元	–	96.00	215.78	322.59	525.99	735.56	900.71	1287.92	1634.18
	大修理费	元	–	18.04	26.91	40.37	120.22	168.11	205.86	294.35	373.49
	经常修理费	元	–	40.77	98.75	148.16	441.19	616.97	846.07	1209.79	1535.05
	第一类费用小计	元	–	154.81	341.44	511.12	1087.40	1520.64	1952.64	2792.06	3542.72
第二类费用	机上人工	工日	75.000	2.17	2.78	2.78	2.78	2.78	2.78	2.78	2.78
	柴油	kg	8.700	–	–	–	–	–	–	77.76	85.25
	煤	t	850.000	–	0.72	1.29	–	–	–	–	–
	电	kW·h	0.850	122.40	–	–	91.81	123.25	133.36	–	–
	水	t	4.000	–	5.00	9.00	–	–	–	–	–
	木柴	kg	0.950	–	15.00	27.00	–	–	–	–	–
	第二类费用小计	元	–	266.79	854.75	1366.65	286.54	313.26	321.86	885.01	950.18

定 额 编 号			JY0200310	JY0200320	JY0200330	JY0200340	JY0200350	JY0200360	JY0200370	JY0200380
项 目	单位	单价(元)	静 力 压 桩 机 (液压)			履带式钻孔机	汽 车 式 钻 孔 机			潜水钻孔机
			压 力(kN)				孔 径(mm)			
			4000	8000	10000		400	1000	2000	800
基 价	元		**5288.13**	**5859.83**	**7364.92**	**1028.77**	**1007.56**	**993.65**	**1541.09**	**473.84**
第一类费用	折旧费	元	–	1956.85	2047.39	2654.37	217.34	134.62	202.07	266.67	71.82
	大修理费	元	–	447.24	466.49	604.79	46.02	23.12	34.71	45.80	16.11
	经常修理费	元	–	1838.16	1917.27	2485.68	126.57	63.59	95.45	125.96	43.34
	第一类费用小计	元	–	4242.25	4431.15	5744.84	389.93	221.33	332.23	438.43	131.27
第二类费用	机上人工	工日	75.000	2.78	2.78	2.78	2.50	2.50	2.50	2.50	2.50
	汽油	kg	10.050	–	–	–	–	47.40	–	76.00	–
	柴油	kg	8.700	96.25	140.25	162.25	38.80	–	38.80	–	–
	电	kW·h	0.850	–	–	–	133.86	81.60	81.60	81.60	182.44
	其他费用	元	–	–	–	–	–	53.00	67.00	82.00	–
	第二类费用小计	元	–	1045.88	1428.68	1620.08	638.84	786.23	661.42	1102.66	342.57

定 额 编 号				JY0200390	JY0200400	JY0200401	JY0200410	JY0200420	JY0200430	JY0200440	JY0200450	JY0200460
项 目		单位	单价(元)	潜 水 钻 孔 机			转 盘 钻 孔 机			长 螺 旋 钻 机		
				孔					径(mm)			
				1250	1500	2500	500	800	1500	400	600	800
基 价		元		**519.49**	**634.48**	**1091.52**	**496.35**	**612.81**	**665.13**	**518.63**	**607.27**	**802.90**
第一类费用	折旧费	元	–	96.80	142.74	326.49	139.19	208.49	216.11	170.50	200.30	311.65
	大修理费	元	–	21.71	32.02	72.46	21.01	31.14	32.28	7.66	8.99	14.00
	经常修理费	元	–	58.41	86.13	194.91	43.69	64.77	67.13	48.01	56.40	87.75
	第一类费用小计	元	–	176.92	260.89	593.86	203.89	304.40	315.52	226.17	265.69	413.40
第二类费用	机上人工	工日	75.000	2.50	2.50	2.50	2.50	2.50	2.50	2.50	2.50	2.50
	电	kW·h	0.850	182.44	218.93	364.89	123.48	142.25	190.72	123.48	181.27	237.65
	第二类费用小计	元	–	342.57	373.59	497.66	292.46	308.41	349.61	292.46	341.58	389.50

定 额 编 号			JY0200470	JY0200480	JY0200490	JY0200500	JY0200510	JY0200520
项　　　　目	单位	单价(元)	旋 挖 钻 机		短螺旋钻孔机	冲击成孔机	锚杆钻孔机	钻运立三用机
			动力头扭矩(kN·m)		孔径(mm)	CZ-30	DHR80A	GH30-IC
			200	280	1200			
基　　　　价	**元**		**3635.66**	**5014.94**	**1514.10**	**418.20**	**2520.84**	**1947.82**
第一类费用 折旧费	元	–	2474.95	3464.94	595.18	135.16	1308.84	1307.11
大修理费	元	–	109.87	153.83	107.85	20.51	186.34	54.23
经常修理费	元	–	688.92	964.48	207.07	41.03	333.56	50.98
第一类费用小计	元	–	3273.74	4583.25	910.10	196.70	1828.74	1412.32
第二类费用 机上人工	工日	75.000	2.50	2.50	2.50	2.50	2.50	2.50
柴油	kg	8.700	–	–	34.00	–	58.00	40.00
电	kW·h	0.850	205.20	287.28	142.00	40.00	–	–
第二类费用小计	元	–	361.92	431.69	604.00	221.50	692.10	535.50

三、起重机械

定 额 编 号			JY0300010	JY0300020	JY0300030	JY0300040	JY0300050	JY0300060	JY0300070	JY0300080	JY0300090
项 目	单位	单价(元)	履带式电动起重机				履 带 式 起 重 机				
			起		重		量(t)				
			3	5	40	50	10	15	20	25	30
基 价	元		**198.61**	**217.79**	**1403.64**	**1474.47**	**740.50**	**966.34**	**1023.51**	**1086.59**	**1367.32**
第一类费用 折旧费	元	–	63.98	66.39	707.40	722.65	196.36	286.01	294.55	301.87	408.59
第一类费用 大修理费	元	–	4.93	5.12	54.00	55.16	56.39	82.13	84.58	86.69	117.33
第一类费用 经常修理费	元	–	11.60	12.03	126.90	129.64	103.75	151.12	155.63	159.52	215.89
第一类费用 第一类费用小计	元	–	80.51	83.54	888.30	907.45	356.50	519.26	534.76	548.08	741.81
第二类费用 机上人工	工日	75.000	1.11	1.11	2.22	2.22	2.22	2.22	2.22	2.22	2.22
第二类费用 柴油	kg	8.700	–	–	–	–	25.00	32.25	37.04	42.76	52.76
第二类费用 电	kW·h	0.850	41.00	60.00	410.40	471.20	–	–	–	–	–
第二类费用 第二类费用小计	元	–	118.10	134.25	515.34	567.02	384.00	447.08	488.75	538.51	625.51

定 额 编 号	单位	单价(元)	JY0300100	JY0300110	JY0300120	JY0300130	JY0300140	JY0300150	JY0300160	JY0300170	JY0300180
项 目			履 带 式 起 重 机								
			起 重 量(t)								
			40	50	60	70	90	100	140	150	200
基 价	**元**		**1959.33**	**2252.81**	**3825.49**	**4160.14**	**5763.24**	**6495.58**	**8567.36**	**8801.29**	**11521.11**
第一类费用 折旧费	元	–	683.01	726.92	985.89	1114.63	2479.97	2947.51	4485.63	4526.29	6206.70
大修理费	元	–	196.13	208.74	359.62	381.25	426.28	477.57	580.33	604.99	765.78
经常修理费	元	–	360.89	384.09	1434.88	1521.19	1700.87	1905.51	2315.53	2413.93	3055.48
第一类费用小计	元	–	1240.03	1319.75	2780.39	3017.07	4607.12	5330.59	7381.49	7545.21	10027.96
第二类费用 机上人工	工日	75.000	2.22	2.22	2.17	2.17	2.17	2.17	2.17	2.17	2.17
柴油	kg	8.700	63.54	88.11	101.42	112.68	114.18	115.20	117.60	125.67	152.92
第二类费用小计	元	–	719.30	933.06	1045.10	1143.07	1156.12	1164.99	1185.87	1256.08	1493.15

定 额 编 号			JY0300190	JY0300200	JY0300210	JY0300220	JY0300230	JY0300240	JY0300250	JY0300260
项 目	单位	单价(元)	履 带 式 起 重 机							
			起 重 量(t)							
			250	300	400	450	600	650	750	1250
基 价	元		**10986.37**	**17187.43**	**28120.37**	**36100.32**	**71307.33**	**41681.28**	**81234.53**	**90340.39**
第一类费用	折旧费	元	–	5762.70	10159.75	13672.51	17793.04	36049.57	20494.85	41079.84	45298.67
	大修理费	元	–	710.75	1280.12	3039.08	3954.98	8012.98	4555.53	9131.09	10068.84
	经常修理费	元	–	2835.88	3968.38	9421.15	12260.44	24840.24	14122.14	28306.39	31213.41
	第一类费用小计	元	–	9309.33	15408.25	26132.74	34008.46	68902.79	39172.52	78517.32	86580.92
第二类费用	机上人工	工日	75.000	3.26	3.26	3.26	3.26	3.26	3.26	3.26	3.26
	柴油	kg	8.700	164.66	176.40	200.36	212.34	248.28	260.26	284.22	404.02
	第二类费用小计	元	–	1677.04	1779.18	1987.63	2091.86	2404.54	2508.76	2717.21	3759.47

定　额　编　号			JY0300270	JY0300280	JY0300290	JY0300300	JY0300310	JY0300320	JY0300330
项　　目	单位	单价(元)	轮　　胎　　式　　起　　重　　机						
			起　　　　重　　　　量(t)						
			8	16	20	25	40	50	60
基　　　　价	**元**		**665.16**	**979.28**	**1097.81**	**1167.71**	**1489.85**	**1727.03**	**2162.57**
第一类费用 折旧费	元	–	127.85	287.65	329.20	345.18	447.57	560.39	857.63
大修理费	元	–	23.37	52.59	60.18	63.11	81.82	169.06	202.87
经常修理费	元	–	71.29	160.40	183.56	192.47	249.57	260.35	312.42
第一类费用小计	元	–	222.51	500.64	572.94	600.76	778.96	989.80	1372.92
第二类费用 机上人工	工日	75.000	2.00	2.00	2.00	2.00	2.00	2.00	2.00
柴油	kg	8.700	32.01	36.24	41.51	46.26	62.76	65.76	71.76
其他费用	元	–	14.16	13.35	13.73	14.49	14.88	15.12	15.34
第二类费用小计	元	–	442.65	478.64	524.87	566.95	710.89	737.23	789.65

定 额 编 号			JY0300340	JY0300350	JY0300360	JY0300370	JY0300380	JY0300390	JY0300400	JY0300410
项 目	单位	单价(元)	汽 车 式 起 重 机							
			起 重 量(t)							
			5	8	10	12	16	20	25	32
基 价	元		**546.38**	**728.19**	**798.48**	**888.68**	**1071.52**	**1205.93**	**1269.11**	**1360.20**
第一类费用	折旧费	元	–	98.28	134.27	177.64	202.97	268.55	322.26	342.24	371.59
	大修理费	元	–	34.91	47.21	52.14	71.36	94.41	113.29	120.32	130.64
	经常修理费	元	–	72.26	97.71	107.93	147.71	195.43	234.52	249.06	270.42
	第一类费用小计	元	–	205.45	279.19	337.71	422.04	558.39	670.07	711.62	772.65
第二类费用	机上人工	工日	75.000	1.25	2.50	2.50	2.50	2.50	2.50	2.50	2.50
	汽油	kg	10.050	23.30	–	–	–	–	–	–	–
	柴油	kg	8.700	–	28.43	29.77	30.55	35.85	38.41	40.73	44.00
	其他费用	元	–	13.01	14.16	14.27	13.35	13.73	14.19	15.64	17.25
	第二类费用小计	元	–	340.93	449.00	460.77	466.64	513.13	535.86	557.49	587.55

定　额　编　号			JY0300420	JY0300430	JY0300440	JY0300450	JY0300460	JY0300470	JY0300480	JY0300490
项　　目	单位	单价(元)	汽　　车　　式　　起　　重　　机							
			起　　　　　重　　　　量(t)							
			40	50	60	70	75	80	90	100
基　　　价	元		**1811.86**	**3709.18**	**4424.85**	**5176.64**	**5403.15**	**5711.11**	**6061.92**	**6580.83**
第一类费用 折旧费	元	－		569.57	1467.64	1984.61	2602.20	2702.82	2879.77	3008.14	3296.12
大修理费	元	－		200.24	515.97	567.86	602.04	635.25	672.64	736.21	795.52
经常修理费	元	－		414.49	1068.05	1175.47	1246.23	1314.97	1392.36	1523.96	1646.73
第一类费用小计	元	－		1184.30	3051.66	3727.94	4450.47	4653.04	4944.77	5268.31	5738.37
第二类费用 机上人工	工日	75.000	2.50	2.50	2.50	2.50	2.50	2.50	2.50	2.50
柴油	kg	8.700	48.52	51.92	56.42	59.76	62.49	64.34	67.46	73.06
其他费用	元	－	17.94	18.32	18.56	18.76	18.95	19.08	19.21	19.34
第二类费用小计	元	－	627.56	657.52	696.91	726.17	750.11	766.34	793.61	842.46

定　额　编　号			JY0300500	JY0300510	JY0300520	JY0300530	JY0300540
项　目	单位	单价(元)	汽　车　式　起　重　机				
			起　　　重　　　量(t)				
			110	120	125	136	150
基　　　价	元		**7880.93**	**9061.21**	**9625.95**	**10765.50**	**11741.41**
第一类费用　折旧费	元	－	4337.00	5329.30	5636.02	6418.76	6914.42
大修理费	元	－	872.74	923.74	1001.10	1083.17	1217.81
经常修理费	元	－	1806.56	1912.15	2072.28	2242.15	2520.86
第一类费用小计	元	－	7016.30	8165.19	8709.40	9744.08	10653.09
第二类费用　机上人工	工日	75.000	2.50	2.50	2.50	2.50	2.50
柴油	kg	8.700	75.47	79.04	81.40	93.31	101.00
其他费用	元	－	20.54	20.87	20.87	22.12	22.12
第二类费用小计	元	－	864.63	896.02	916.55	1021.42	1088.32

定　额　编　号		单价(元)	JY0300550	JY0300560	JY0300570	JY0300580	JY0300590	JY0300600	JY0300610	JY0300620
项　　目	单位	单价(元)	龙　门　式　起　重　机						门　座　吊	
			起　　　重　　　量(t)							
			5	10	20	30	40	50	30	60
基　　　价	元		**276.19**	**414.69**	**672.97**	**805.28**	**1003.74**	**1367.24**	**1470.51**	**2208.67**
第一类费用 折旧费	元	－	51.96	134.14	278.06	370.75	476.76	761.75	938.86	1308.42
大修理费	元	－	4.45	11.49	23.58	31.44	40.43	64.60	84.95	146.66
经常修理费	元	－	12.11	31.26	32.54	43.39	55.79	89.14	79.85	137.86
第一类费用小计	元	－	68.52	176.89	334.18	445.58	572.98	915.49	1103.66	1592.94
第二类费用 机上人工	工日	75.000	2.17	2.17	2.17	2.17	2.17	2.17	2.50	2.50
电	kW·h	0.850	52.85	88.29	207.10	231.70	315.30	340.00	211.00	503.80
第二类费用小计	元	－	207.67	237.80	338.79	359.70	430.76	451.75	366.85	615.73

定　额　编　号	单位	单价(元)	JY0300630	JY0300640	JY0300650	JY0300660	JY0300670	JY0300680	JY0300690	JY0300700
项　目	单位	单价(元)	叉　式　起　重　机				塔　式　起　重　机			
			起　重　量(t)				起　重　力　矩(kN·m)			
			3	5	6	10	20	60	80	150
基　价	元		**513.25**	**542.43**	**561.63**	**852.39**	**291.57**	**535.35**	**589.23**	**794.02**
第一类费用 折旧费	元	−	74.56	104.39	107.77	212.31	70.19	225.66	253.17	369.46
大修理费	元	−	15.33	21.46	22.16	43.20	7.19	22.87	25.66	37.44
经常修理费	元	−	53.19	74.47	76.89	220.32	28.32	90.11	101.09	147.52
第一类费用小计	元	−	143.08	200.32	206.82	475.83	105.70	338.64	379.92	554.42
第二类费用 机上人工	工日	75.000	1.39	1.39	1.39	1.39	2.00	2.00	2.00	2.00
汽油	kg	10.050	26.46	−	−	−	−	−	−	−
柴油	kg	8.700	−	27.34	28.80	31.30	−	−	−	−
电	kW·h	0.850	−	−	−	−	42.20	54.95	69.78	105.41
第二类费用小计	元	−	370.17	342.11	354.81	376.56	185.87	196.71	209.31	239.60

定　额　编　号			JY0300710	JY0300720	JY0300730	JY0300740	JY0300750	JY0300760	JY0300770
项　　目	单位	单价(元)	塔　　式　　起　　重　　机						
			起　　重　　力　　矩(kN·m)						
			250	400	600	900	1250	1500	1600
基　　　价	元		**1608.42**	**2017.29**	**2923.51**	**3230.03**	**4925.60**	**6273.70**	**6925.96**
第一类费用	折旧费	元	–	869.55	1076.96	1757.53	1857.82	2891.80	3721.47	4134.97
	大修理费	元	–	88.12	110.42	131.26	148.30	226.48	291.60	324.00
	经常修理费	元	–	347.20	435.07	517.17	584.31	892.32	1148.90	1276.56
	第一类费用小计	元	–	1304.87	1622.45	2405.96	2590.43	4010.60	5161.97	5735.53
第二类费用	机上人工	工日	75.000	2.00	2.00	2.00	2.00	2.00	2.00	2.00
	电	kW·h	0.850	180.65	288.05	432.41	576.00	900.00	1131.45	1224.03
	第二类费用小计	元	–	303.55	394.84	517.55	639.60	915.00	1111.73	1190.43

定　额　编　号			JY0300780	JY0300790	JY0300800	JY0300810	JY0300820	JY0300830	JY0300840
项　　目	单位	单价(元)	自　升　式　塔　式　起　重　机						
			起　重　力　矩(kN·m)						
			1000	1250	1500	2000	2500	3000	4500
基　　价	元		**801.08**	**822.48**	**926.13**	**1041.20**	**1204.67**	**1378.01**	**1836.93**
第一类费用 折旧费	元	－	353.32	358.91	423.81	481.41	577.91	681.28	940.76
第一类费用 大修理费	元	－	49.43	50.21	59.29	67.35	80.85	95.31	131.62
第一类费用 经常修理费	元	－	103.81	105.45	124.52	141.44	169.78	200.16	276.39
第一类费用 第一类费用小计	元	－	506.56	514.57	607.62	690.20	828.54	976.75	1348.77
第二类费用 机上人工	工日	75.000	2.00	2.00	2.00	2.00	2.00	2.00	3.00
第二类费用 电	kW·h	0.850	170.02	185.78	198.25	236.47	266.04	295.60	309.60
第二类费用 第二类费用小计	元	－	294.52	307.91	318.51	351.00	376.13	401.26	488.16

定　额　编　号			JY0300850	JY0300860	JY0300870	JY0300880	JY0300890	JY0300900	JY0300910	JY0300920
项　　　目	单位	单价(元)	电动单梁式起重机		桅　杆　式　起　重　机				平台吊	少先吊
			起		重		量(t)			
			5	10	5	10	15	40	0.75	1
基　　　价	元		**237.95**	**356.89**	**347.51**	**400.21**	**498.49**	**637.05**	**127.33**	**125.18**
第一类费用	折旧费	元	–	62.24	115.18	58.45	73.34	97.61	123.14	9.43	6.71
	大修理费	元	–	20.98	38.83	4.36	5.47	7.28	9.09	0.79	0.68
	经常修理费	元	–	45.53	84.25	18.32	22.98	30.58	38.19	6.44	5.52
	安装拆卸费	元	–	–	–	18.44	18.44	18.44	52.52	–	4.92
	第一类费用小计	元	–	128.75	238.26	99.57	120.23	153.91	222.94	16.66	17.83
第二类费用	机上人工	工日	75.000	1.04	1.04	2.50	2.50	2.50	2.50	1.25	1.25
	电	kW·h	0.850	36.70	47.80	71.10	108.80	184.80	266.60	19.90	16.00
	第二类费用小计	元	–	109.20	118.63	247.94	279.98	344.58	414.11	110.67	107.35

四、水平运输机械

定　额　编　号			JY0400010	JY0400020	JY0400030	JY0400040	JY0400050	JY0400060	JY0400070	JY0400080
项　目	单位	单价(元)	载　　货　　汽　　车							
			载　　　重　　　量(t)							
			2	2.5	3	4	5	6	8	10
基　价	元		**377.86**	**398.80**	**437.06**	**466.52**	**507.79**	**545.58**	**619.25**	**782.33**
第一类费用 折旧费	元	－	31.78	33.87	35.12	39.14	44.82	53.86	86.55	104.62
大修理费	元	－	9.62	10.26	10.64	11.85	13.57	16.31	26.21	31.68
经常修理费	元	－	53.99	57.53	59.66	66.48	76.14	91.49	103.00	124.50
第一类费用小计	元	－	95.39	101.66	105.42	117.47	134.53	161.66	215.76	260.80
第二类费用 机上人工	工日	75.000	1.04	1.04	1.04	1.04	1.04	1.04	1.04	2.08
汽油	kg	10.050	18.90	20.36	23.77	25.48	－	－	－	－
柴油	kg	8.700	－	－	－	－	32.19	33.24	35.49	40.03
其他费用	元	－	14.52	14.52	14.75	14.98	15.21	16.73	16.73	17.27
第二类费用小计	元	－	282.47	297.14	331.64	349.05	373.26	383.92	403.49	521.53

定 额 编 号			JY0400090	JY0400100	JY0400110	JY0400120	JY0400130	JY0400140	JY0400150	JY0400160
项 目	单位	单价(元)	载 货 汽 车				自 卸 汽 车			
			载 重 量(t)							
			12	15	18	20	2	5	6	8
基 价	元		**993.57**	**1159.71**	**1155.39**	**1229.86**	**387.81**	**590.61**	**728.66**	**780.90**
第一类费用 折旧费	元	–	166.33	196.44	212.41	234.15	49.02	75.02	121.59	156.00
大修理费	元	–	50.37	59.48	64.32	70.90	12.11	18.54	34.95	38.56
经常修理费	元	–	197.94	233.77	252.78	278.66	53.79	82.32	155.19	128.78
第一类费用小计	元	–	414.64	489.69	529.51	583.71	114.92	175.88	311.73	323.34
第二类费用 机上人工	工日	75.000	2.08	2.08	1.04	1.04	1.14	1.14	1.14	1.14
汽油	kg	10.050	–	–	–	–	17.27	31.34	–	–
柴油	kg	8.700	46.27	56.74	60.23	62.56			36.26	40.93
其他费用	元	–	20.38	20.38	23.88	23.88	13.83	14.26	15.97	15.97
第二类费用小计	元	–	578.93	670.02	625.88	646.15	272.89	414.73	416.93	457.56

定 额 编 号			JY0400170	JY0400180	JY0400190	JY0400200	JY0400210	JY0400220	JY0400230	JY0400240
项 目	单位	单价(元)	自 卸 汽 车					平 板 拖 车 组		
			载 重					量(t)		
			10	12	15	18	20	8	10	15
基 价	元		**958.34**	**1046.29**	**1153.73**	**1276.00**	**1399.50**	**808.13**	**903.42**	**1070.38**
第一类费用 折旧费	元	–	190.67	217.63	242.67	283.11	329.34	111.32	132.53	180.83
大修理费	元	–	47.12	53.79	59.98	69.97	81.40	46.31	54.08	37.68
经常修理费	元	–	157.39	179.65	200.32	233.71	271.86	124.11	144.94	178.23
第一类费用小计	元	–	395.18	451.07	502.97	586.79	682.60	281.74	331.55	396.74
第二类费用 机上人工	工日	75.000	2.27	2.27	2.27	2.27	2.27	2.86	2.86	2.86
汽油	kg	10.050	–	–	–	–	–	30.05	34.50	44.59
柴油	kg	8.700	43.19	46.59	52.93	57.27	60.40	–	–	–
其他费用	元	–	17.16	19.64	20.02	20.71	21.17	9.89	10.64	11.01
第二类费用小计	元	–	563.16	595.22	650.76	689.21	716.90	526.39	571.87	673.64

定 额 编 号				JY0400250	JY0400260	JY0400270	JY0400280	JY0400290	JY0400300	JY0400310	JY0400320	JY0400330
项 目		单位	单价(元)	平 板 拖 车 组								
				载 重 量(t)								
				20	25	30	40	50	60	80	100	150
基 价		元		**1264.92**	**1623.47**	**1562.31**	**1911.10**	**2026.22**	**2186.44**	**3232.65**	**3895.86**	**5414.82**
第一类费用	折旧费	元	–	293.25	403.35	400.77	539.57	571.83	615.82	1267.67	1440.53	2051.32
	大修理费	元	–	61.10	98.70	83.51	112.43	119.15	128.32	174.46	177.31	232.52
	经常修理费	元	–	289.02	466.84	394.99	531.79	563.58	606.93	825.19	1125.91	1476.53
	第一类费用小计	元	–	643.37	968.89	879.27	1183.79	1254.56	1351.07	2267.32	2743.75	3760.37
第二类费用	机上人工	工日	75.000	2.86	2.86	2.86	2.86	2.86	2.86	2.86	2.86	2.86
	柴油	kg	8.700	45.39	49.13	52.37	57.37	62.38	69.66	84.52	105.90	163.50
	其他费用	元	–	12.16	12.65	12.92	13.69	14.45	14.83	15.51	16.28	17.50
	第二类费用小计	元	–	621.55	654.58	683.04	727.31	771.66	835.37	965.33	1152.11	1654.45

定 额 编 号	单位	单价(元)	JY0400340	JY0400350	JY0400360	JY0400370	JY0400380	JY0400390	JY0400391	JY0400400	JY0400410
项 目			管 子 拖 车			长 材 运 输 车			泥浆运输车	壁板运输车	
			载 重 量(t)							载重量(t)	
			24	27	35	9	12	15	4000L	8	15
基 价	元		**2232.35**	**2556.92**	**2034.23**	**782.83**	**1053.22**	**1208.39**	**603.35**	**939.55**	**1270.64**
第一类费用 折旧费	元	–	495.57	669.27	785.75	165.14	237.91	288.44	101.48	169.13	437.48
大修理费	元	–	97.73	127.45	0.09	21.74	31.33	37.98	30.32	48.02	36.55
经常修理费	元	–	394.83	514.92	0.36	125.47	180.75	219.15	155.22	245.85	187.15
第一类费用小计	元	–	988.13	1311.64	786.20	312.35	449.99	545.57	287.02	463.00	661.18
第二类费用 机上人工	工日	75.000	2.27	2.27	2.27	1.35	2.70	2.70	2.08	2.08	2.08
柴油	kg	8.700	122.50	122.50	122.50	41.72	44.98	51.56	18.15	36.29	51.08
其他费用	元	–	8.22	9.28	12.03	6.27	9.40	11.75	2.42	4.83	9.06
第二类费用小计	元	–	1244.22	1245.28	1248.03	470.48	603.23	662.82	316.33	476.55	609.46

定　　额　　编　　号		单位	单价(元)	JY0400420	JY0400430	JY0400440	JY0400450	JY0400460	JY0400470
项　　目		单位	单价(元)	自　装　自　卸　汽　车		机　动　翻　斗　车		油　罐　车	
				载　　　重　　　量(t)				罐　容　量(L)	
				6	8	1	1.5	5000	8000
基　　　价		元		**932.26**	**1041.97**	**193.00**	**233.64**	**605.09**	**656.64**
第一类费用	折旧费	元	–	118.02	164.10	17.90	20.62	76.02	101.61
	大修理费	元	–	40.15	42.25	7.10	8.17	19.18	25.63
	经常修理费	元	–	171.45	180.42	27.89	32.12	97.61	130.47
	安装拆卸费	元	–	–	–	3.94	3.94	–	–
	第一类费用小计	元	–	329.62	386.77	56.83	64.85	192.81	257.71
第二类费用	机上人工	工日	75.000	1.35	1.35	1.00	1.00	1.04	1.04
	汽油	kg	10.050	48.30	53.53	–	–	30.64	–
	柴油	kg	8.700	–	–	6.03	9.77	–	33.80
	其他费用	元	–	15.97	15.97	8.71	8.79	26.35	26.87
	第二类费用小计	元	–	602.64	655.20	136.17	168.79	412.28	398.93

定 额 编 号			JY0400480	JY0400490	JY0400500	JY0400510	JY0400520
项 目	单位	单价(元)	洒 水 车		轨道拖斗车	轨 道 平 车	
			罐 容 量(L)		功率(kW)	载 重 量(t)	
			4000	8000	30 以内	5	10
基 价	元		**642.60**	**658.11**	**1332.94**	**147.68**	**199.55**
第一类费用	折旧费	元	–	86.22	96.76	1117.53	14.33	63.50
	大修理费	元	–	28.53	32.02	10.00	2.61	3.48
	经常修理费	元	–	122.40	137.36	21.00	5.49	7.32
	第一类费用小计	元		237.15	266.14	1148.53	22.43	74.30
第二类费用	机上人工	工日	75.000	1.04	1.04	1.67	1.67	1.67
	汽油	kg	10.050	29.96	–	–	–	–
	柴油	kg	8.700	–	33.00	6.80	–	–
	其他费用	元	–	26.35	26.87	–	–	–
	第二类费用小计	元	–	405.45	391.97	184.41	125.25	125.25

五、垂直运输机械

定 额 编 号	单位	单价(元)	JY0500010	JY0500020	JY0500030	JY0500040	JY0500050	JY0500060	JY0500070
项 目			电动卷扬机(单筒快速)				电动卷扬机(双筒快速)		
			牵 引 力(kN)						
			5	10	15	20	10	30	50
基 价	元		**111.31**	**129.21**	**144.65**	**165.39**	**173.84**	**202.97**	**240.84**
第一类费用 折旧费	元	–	1.87	2.80	3.38	5.53	4.38	15.09	24.14
大修理费	元	–	0.82	1.23	1.48	2.42	0.77	2.67	4.27
经常修理费	元	–	2.18	3.27	3.94	6.46	2.07	7.12	11.39
安装拆卸费	元	–	4.69	4.69	4.69	4.69	4.69	4.69	4.69
第一类费用小计	元	–	9.56	11.99	13.49	19.10	11.91	29.57	44.49
第二类费用 机上人工	工日	75.000	1.19	1.19	1.19	1.19	1.19	1.19	1.19
电	kW·h	0.850	14.70	32.90	49.30	67.10	85.50	99.00	126.00
第二类费用小计	元	–	101.75	117.22	131.16	146.29	161.93	173.40	196.35

定　额　编　号			JY0500080	JY0500090	JY0500100	JY0500110	JY0500120	JY0500130	JY0500140
项　目	单位	单价(元)	电　动　卷　扬　机　（单　筒　慢　速）						
			牵　　引　　力（kN）						
			10	30	50	80	100	200	300
基　　　价	元		**130.27**	**137.62**	**145.07**	**196.05**	**228.57**	**418.39**	**780.75**
第一类费用	折旧费	元	–	6.47	9.20	12.29	26.44	39.52	83.35	222.74
	大修理费	元	–	1.47	2.10	2.80	6.03	9.01	18.99	32.48
	经常修理费	元	–	3.94	5.60	7.48	16.09	24.05	50.71	86.71
	安装拆卸费	元	–	4.69	4.69	4.69	4.69	4.69	17.56	17.56
	第一类费用小计	元	–	16.57	21.59	27.26	53.25	77.27	170.61	359.49
第二类费用	机上人工	工日	75.000	1.19	1.19	1.19	1.19	1.19	1.19	1.19
	电	kW·h	0.850	28.76	31.50	33.60	63.00	73.00	186.50	390.60
	第二类费用小计	元	–	113.70	116.03	117.81	142.80	151.30	247.78	421.26

定 额 编 号	单位	单价(元)	JY0500150	JY0500160	JY0500170	JY0500180	JY0500190	JY0500200	JY0500210	JY0500220	JY0500230
项 目	单位	单价(元)	电动卷扬机(双筒慢速)				卷扬机带塔	皮 带 运 输 机			
			牵 引 力(kN)				牵引力(kN)	带长×带宽(m×m)			
			30	50	80	100	3～5 (H=40m)	10×0.5	15×0.5	20×0.5	30×0.5
基 价	元		**146.41**	**174.28**	**231.43**	**262.34**	**180.83**	**204.97**	**230.18**	**244.36**	**254.33**
第一类费用 折旧费	元	–	14.30	23.35	33.99	46.77	31.97	23.54	34.40	38.63	40.34
大修理费	元	–	2.18	3.55	5.17	7.12	8.19	6.04	8.83	9.92	10.36
经常修理费	元	–	6.07	9.92	38.49	52.97	22.86	21.21	31.01	34.81	36.36
安装拆卸费	元	–	4.69	4.69	4.69	4.69	–	13.20	13.20	13.20	13.20
第一类费用小计	元	–	27.24	41.51	82.34	111.55	63.02	63.99	87.44	96.56	100.26
第二类费用 机上人工	工日	75.000	1.19	1.19	1.19	1.19	1.19	1.67	1.67	1.67	1.67
电	kW·h	0.850	35.20	51.20	70.40	72.40	33.60	18.50	20.58	26.53	33.91
第二类费用小计	元	–	119.17	132.77	149.09	150.79	117.81	140.98	142.74	147.80	154.07

定 额 编 号			JY0500240	JY0500250	JY0500260	JY0500270	JY0500280
项 目	单位	单价(元)	单 笼 施 工 电 梯			双 笼 施 工 电 梯	
			提 升 高 度(m)				
			75	100	130	100	200
基 价	元		**303.78**	**322.08**	**357.59**	**403.77**	**495.84**
第一类费用 折旧费	元	–	117.37	128.86	143.84	160.82	177.64
大修理费	元	–	23.20	25.47	28.43	31.79	34.75
经常修理费	元	–	46.40	50.94	56.86	63.58	69.50
第一类费用小计	元	–	186.97	205.27	229.13	256.19	281.89
第二类费用 机上人工	工日	75.000	1.04	1.04	1.04	1.04	1.04
电	kW·h	0.850	45.66	45.66	59.36	81.86	159.94
第二类费用小计	元	–	116.81	116.81	128.46	147.58	213.95

定　额　编　号			JY0500290	JY0500300	JY0500310	JY0500320	JY0500330	JY0500340
项　　目	单位	单价(元)	电　动　葫　芦　（单　速）			电　动　葫　芦　（双　速）		
			起　　　　重　　　　量(t)					
			2	3	5	10	20	30
基　　　价	元		**51.76**	**54.90**	**68.03**	**151.17**	**254.92**	**318.42**
第一类费用 折旧费	元	–	14.36	15.62	17.59	47.21	74.86	86.89
大修理费	元	–	4.96	5.40	6.08	16.31	25.86	30.01
经常修理费	元	–	16.37	17.81	20.06	42.73	67.75	78.64
第一类费用小计	元	–	35.69	38.83	43.73	106.25	168.47	195.54
第二类费用 电	kW·h	0.850	18.90	18.90	28.59	52.85	101.70	144.57
第二类费用小计	元	–	16.07	16.07	24.30	44.92	86.45	122.88

六、混凝土及砂浆机械

定额编号			JY0600010	JY0600020	JY0600030	JY0600040	JY0600050	JY0600060	JY0600070	JY0600080	JY0600090
项目	单位	单价(元)	滚筒式混凝土搅拌机(电动)					滚筒式混凝土搅拌机(内燃)		混凝土搅拌机(机动)	
			出 料 容 量(L)								
			250	400	500	600以内	800以内	250	500	250以内	400以内
基价	元		**164.37**	**187.85**	**200.88**	**205.96**	**240.86**	**202.65**	**305.79**	**205.04**	**301.75**
第一类费用 折旧费	元	–	18.97	34.06	42.94	50.52	64.88	9.40	44.08	16.56	28.41
大修理费	元	–	6.68	8.33	9.74	5.65	7.70	8.25	12.62	4.68	6.89
经常修理费	元	–	16.70	16.25	18.99	11.03	15.02	20.63	24.61	11.69	13.43
第一类费用小计	元	–	42.35	58.64	71.67	67.20	87.60	38.28	81.31	32.93	48.73
第二类费用 机上人工	工日	75.000	1.39	1.39	1.39	1.39	1.39	1.39	1.39	1.39	1.39
柴油	kg	8.700	–	–	–	–	–	6.91	13.82	7.80	17.10
电	kW·h	0.850	20.91	29.36	29.36	40.60	57.66	–	–	–	–
第二类费用小计	元	–	122.02	129.21	129.21	138.76	153.26	164.37	224.48	172.11	253.02

定 额 编 号			JY0600100	JY0600110	JY0600120	JY0600130	JY0600140	JY0600150
项 目	单位	单价(元)	强 制 反 转 式 混 凝 土 搅 拌 机					
			出 料 容 量(L)					
			250 以内	400 以内	600 以内	800 以内	1000 以内	1500 以内
基 价	元		**160.81**	**183.98**	**224.35**	**276.77**	**374.49**	**460.25**
第一类费用 折旧费	元	—	19.57	28.84	45.30	67.93	81.14	83.72
第一类费用 大修理费	元	—	2.96	4.30	5.19	8.07	9.12	12.01
第一类费用 经常修理费	元	—	7.40	8.39	10.12	15.74	16.78	22.10
第一类费用 第一类费用小计	元	—	29.93	41.53	60.61	91.74	107.04	117.83
第二类费用 机上人工	工日	75.000	1.39	1.39	1.39	1.39	1.39	1.39
第二类费用 电	kW·h	0.850	31.33	44.94	69.99	95.03	192.00	280.20
第二类费用 第二类费用小计	元	—	130.88	142.45	163.74	185.03	267.45	342.42

定 额 编 号				JY0600160	JY0600170	JY0600180	JY0600190	JY0600200	JY0600210	JY0600220	JY0600230
项 目	单位	单价(元)		涡浆式混凝土搅拌机				双锥反转出料混凝土搅拌机			
				出 料 容 量(L)							
				250	350	500	1000	200	350	500	750
基 价	元			**184.53**	**240.95**	**316.08**	**507.77**	**152.14**	**182.67**	**219.21**	**267.40**
第一类费用	折旧费	元	–	22.16	31.90	55.53	112.52	10.52	16.73	34.14	40.35
	大修理费	元	–	7.00	10.07	17.54	35.53	3.32	5.28	10.78	12.74
	经常修理费	元	–	16.66	23.98	41.74	84.57	8.77	13.95	17.79	21.03
	安装拆卸费	元	–	5.47	5.47	5.47	20.49	5.47	5.47	5.47	20.49
	第一类费用小计	元	–	51.29	71.42	120.28	253.11	28.08	41.43	68.18	94.61
第二类费用	机上人工	工日	75.000	1.39	1.39	1.39	1.39	1.39	1.39	1.39	1.39
	电	kW·h	0.850	34.10	76.80	107.71	176.95	23.30	43.52	55.04	80.64
	第二类费用小计	元	–	133.24	169.53	195.80	254.66	124.06	141.24	151.03	172.79

定 额 编 号			JY0600240	JY0600250	JY0600260	JY0600270	JY0600280	JY0600290	JY0600300	JY0600310	JY0600320
项 目	单位	单价(元)	单卧轴式混凝土搅拌机			双 卧 轴 式 混 凝 土 搅 拌 机					
			出 料 容 量(L)								
			150	250	350	400	500	800	1000	1500
基 价	元		**170.86**	**207.19**	**228.90**	**275.96**	**309.33**	**323.49**	**409.80**	**511.85**	**613.08**
第一类费用	折旧费	元	–	12.59	22.16	24.83	28.71	42.68	41.90	91.39	116.40	148.99
	大修理费	元	–	3.98	7.00	7.84	9.07	12.05	13.23	24.23	36.76	47.05
	经常修理费	元	–	16.06	28.27	31.68	42.98	57.10	62.73	69.30	105.13	134.57
	安装拆卸费	元	–	5.47	5.47	5.47	5.47	5.47	5.47	5.47	20.49	20.49
	第一类费用小计	元	–	38.10	62.90	69.82	86.23	117.30	123.33	190.39	278.78	351.10
第二类费用	机上人工	工日	75.000	1.39	1.39	1.39	1.39	1.39	1.39	1.39	1.39	1.39
	电	kW·h	0.850	33.54	47.10	64.51	100.56	103.27	112.84	135.48	151.55	185.56
	第二类费用小计	元	–	132.76	144.29	159.08	189.73	192.03	200.16	219.41	233.07	261.98

定 额 编 号			JY0600330	JY0600340	JY0600350	JY0600360	JY0600370	JY0600380	JY0600390	JY0600400	JY0600410
项 目	单位	单价（元）	泡沫混凝土搅拌机	灰浆搅拌机		散 装 水 泥 车					
			出料容量（L）			装 载 质 量（t）					
			500	200	400	4	7	10	15	20	26
基 价 元			**149.95**	**126.18**	**137.04**	**513.47**	**591.53**	**842.65**	**996.54**	**1347.21**	**1887.65**
第一类费用	折旧费	元	–	9.92	4.31	5.35	55.32	112.56	220.06	256.54	360.76	617.62
	大修理费	元	–	3.58	0.97	1.82	19.55	20.41	39.91	46.52	65.42	112.00
	经常修理费	元	–	8.96	3.86	7.26	61.21	63.89	124.91	145.61	204.76	350.55
	安装拆卸费	元	–	5.47	5.47	5.47	–	–	–	–	–	–
	第一类费用小计	元	–	27.93	14.61	19.90	136.08	196.86	384.88	448.67	630.94	1080.17
第二类费用	机上人工	工日	75.000	1.39	1.39	1.39	1.25	1.25	1.25	1.25	1.25	1.25
	汽油	kg	10.050	–	–	–	26.20	–	–	–	–	–
	柴油	kg	8.700	–	–	–	–	30.50	36.00	45.17	63.34	72.40
	电	kW·h	0.850	20.91	8.61	15.17	–	–	–	–	–	–
	其他费用	元	–	–	–	–	20.33	35.57	50.82	61.14	71.46	83.85
	第二类费用小计	元	–	122.02	111.57	117.14	377.39	394.67	457.77	547.87	716.27	807.48

定　　额　　编　　号			JY0600420	JY0600430	JY0600440	JY0600450	JY0600460	JY0600470	JY0600480	JY0600490
项　　　　目	单位	单价(元)	混　凝　土　搅　拌　输　送　车					混　凝　土　输　送　泵　车		
			搅　　动　　容　　量(m³)					输　　送　　量(m³/h)		
			3	4	5	6	7	20	30	45
基　　　价	元		**1187.58**	**1226.94**	**1469.18**	**2047.22**	**2276.56**	**1471.77**	**1531.57**	**1920.59**
第一类费用	折旧费	元	–	243.23	270.63	331.36	487.29	518.03	512.11	473.02	606.11
	大修理费	元	–	114.19	104.78	128.29	188.66	200.56	104.90	96.63	124.16
	经常修理费	元	–	470.46	431.69	528.55	777.29	826.32	286.37	263.81	338.94
	第一类费用小计	元	–	827.88	807.10	988.20	1453.24	1544.91	903.38	833.46	1069.21
第二类费用	机上人工	工日	75.000	1.25	1.25	1.25	1.25	2.50	2.50	2.50	2.50
	柴油	kg	8.700	29.04	35.57	42.06	55.00	60.00	43.78	55.44	72.93
	其他费用	元	–	13.30	16.63	21.31	21.73	22.15	–	28.28	29.39
	第二类费用小计	元	–	359.70	419.84	480.98	593.98	731.65	568.39	698.11	851.38

定 额 编 号			JY0600500	JY0600510	JY0600520	JY0600530	JY0600540	JY0600550
项 目	单位	单价(元)	混 凝 土 输 送 泵 车					
			输 送 量(m³/h)					
			60	70	75	85	90	100
基 价	元		**2152.18**	**2050.41**	**2344.55**	**2954.90**	**4330.29**	**5596.53**
第一类费用	折旧费	元	–	673.46	659.72	787.54	1095.95	2045.12	2703.01
	大修理费	元	–	163.23	135.14	161.32	224.49	418.92	553.68
	经常修理费	元	–	445.61	368.92	440.40	612.87	804.32	1063.06
	第一类费用小计	元	–	1282.30	1163.78	1389.26	1933.31	3268.36	4319.75
第二类费用	机上人工	工日	75.000	2.50	2.50	2.50	2.50	2.50	3.75
	柴油	kg	8.700	74.93	76.27	83.87	91.20	94.08	108.00
	其他费用	元	–	30.49	35.58	38.12	40.65	55.93	55.93
	第二类费用小计	元	–	869.88	886.63	955.29	1021.59	1061.93	1276.78

定　额　编　号				JY0600560	JY0600570	JY0600580	JY0600590	JY0600600	JY0600610	JY0600620	JY0600630
项　　目		单位	单价(元)	混　凝　土　输　送　泵							
				输　　　送　　　量(m³/h)							
				8	10	15	20	30	45	60	80
基　　　价		元		**615.68**	**565.14**	**716.75**	**790.69**	**1013.16**	**1448.99**	**1614.13**	**2531.37**
第一类费用	折旧费	元	－	167.20	185.78	188.44	260.09	289.62	518.90	555.11	941.27
	大修理费	元	－	78.59	48.58	88.57	83.22	134.72	241.37	258.21	437.84
	经常修理费	元	－	175.25	108.34	197.50	185.59	300.42	335.51	358.91	608.59
	安装拆卸费	元	－	18.44	18.44	18.44	18.44	18.44	52.52	52.52	52.52
	第一类费用小计	元	－	439.48	361.14	492.95	547.34	743.20	1148.30	1224.75	2040.22
第二类费用	机上人工	工日	75.000	1.25	1.25	1.25	1.25	1.25	1.25	1.25	1.25
	电	kW·h	0.850	97.00	129.70	153.00	176.00	207.30	243.46	347.80	467.53
	第二类费用小计	元	－	176.20	204.00	223.80	243.35	269.96	300.69	389.38	491.15

定　额　编　号	单位	单价(元)	JY0600640	JY0600650	JY0600660	JY0600670	JY0600680	JY0600690	JY0600700	JY0600710	JY0600720
项　目	单位	单价(元)	挤压式灰浆输送泵			灰气联合泵	黑色粒料拌合机	混凝土喷射机	筛砂石子机	混凝土振动台	
			输送量（m³/h）			出灰量（m³/h）		生产率（m³/h）	洗石量（m³/h）	台面尺寸（m×m）	
			3	4	5	3.5 以内		5	10	1.5×6	2.4×6.2
基　　价	元		**165.14**	**185.74**	**196.34**	**149.63**	**1046.81**	**289.00**	**190.43**	**257.18**	**396.16**
第一类费用	折旧费	元	–	16.59	22.16	24.15	11.73	190.65	38.88	11.95	34.52	65.79
	大修理费	元	–	5.13	6.85	7.46	3.29	22.11	8.80	4.01	5.50	10.47
	经常修理费	元	–	24.60	32.87	35.82	15.79	106.13	35.81	10.15	30.40	57.92
	安装拆卸费	元	–	4.92	4.92	4.92	4.92	4.92	4.92	7.57	–	–
	第一类费用小计	元	–	51.24	66.80	72.35	35.73	323.81	88.41	33.68	70.42	134.18
第二类费用	机上人工	工日	75.000	1.25	1.25	1.25	1.25	5.00	2.50	1.92	1.92	1.92
	柴油	kg	8.700	–	–	–	–	40.00	–	–	–	–
	电	kW·h	0.850	23.70	29.64	35.58	23.70	–	15.40	15.00	50.30	138.80
	第二类费用小计	元	–	113.90	118.94	123.99	113.90	723.00	200.59	156.75	186.76	261.98

定　额　编　号			JY0600730	JY0600740	JY0600750	JY0600760	JY0600770	JY0600780	JY0600790	JY0600800	JY0600810
项　　目	单位	单价(元)	偏心振动筛 生产率 (m³/h) 12~16	混凝土振捣器 平板式 BL11	插入式	混凝土搅拌站 生产率(m³/h) 15	25	45	50	60	喷浆机 容量(L) 70 以内
基　　　　价	元		**146.99**	**13.76**	**12.14**	**1550.66**	**1760.78**	**2058.36**	**2303.49**	**3426.76**	**24.37**
第一类费用	折旧费	元	–	7.16	2.73	2.76	207.78	278.34	411.63	466.52	901.68	3.00
	大修理费	元	–	3.13	1.62	1.17	64.55	86.48	127.89	144.94	280.14	2.35
	经常修理费	元	–	8.14	4.30	3.10	171.71	230.03	340.18	385.54	745.16	6.26
	安装拆卸费	元	–	1.71	1.71	–	–	–	–	–	1.71
	第一类费用小计	元	–	18.43	10.36	8.74	444.04	594.85	879.70	997.00	1926.98	13.32
第二类费用	机上人工	工日	75.000	1.39	–	–	12.50	12.50	12.50	12.50	12.50	–
	电	kW·h	0.850	28.60	4.00	4.00	198.97	268.74	283.72	434.11	661.50	13.00
	第二类费用小计	元	–	128.56	3.40	3.40	1106.62	1165.93	1178.66	1306.49	1499.78	11.05

七、加工机械

定 额 编 号			JY0700010	JY0700020	JY0700030	JY0700040	JY0700050	JY0700060	JY0700070	JY0700080
项 目	单位	单价(元)	钢筋调直机	钢筋切断机	钢筋弯曲机	钢筋墩头机	预 应 力 钢 筋 拉 伸 机			
			直	径(mm)			拉 伸 力(kN)			
			φ40			φ5	600	650	850	900
基 价	元		**48.59**	**52.99**	**31.57**	**58.90**	**39.58**	**42.98**	**57.11**	**71.13**
第一类费用 折旧费	元	–	18.11	9.35	6.79	9.81	14.03	14.94	18.41	24.44
大修理费	元	–	4.72	2.44	1.77	2.56	2.71	2.88	3.55	4.72
经常修理费	元	–	12.56	10.83	9.05	10.43	9.86	10.50	12.93	17.18
安装拆卸费	元	–	3.08	3.08	3.08	–	–	–	–	–
第一类费用小计	元	–	38.47	25.70	20.69	22.80	26.60	28.32	34.89	46.34
第二类费用 电	kW·h	0.850	11.90	32.10	12.80	42.47	15.27	17.25	26.14	29.16
第二类费用小计	元	–	10.12	27.29	10.88	36.10	12.98	14.66	22.22	24.79

定　额　编　号			JY0700090	JY0700100	JY0700110	JY0700120	JY0700130	JY0700140	JY0700150
项　　　目	单位	单价(元)	预　应　力　钢　筋　拉　伸　机			木　工　圆　锯　机			木工台式带锯机
			拉　　伸　　力(kN)			直　　　　径(mm)			锯轮直径(mm)
			1200	3000	5000	φ500	φ600	φ1000	φ1250
基　　　价	元		**97.49**	**144.05**	**329.94**	**27.63**	**39.67**	**79.16**	**337.18**
第一类费用 折旧费	元	–	33.95	42.85	124.33	4.08	6.46	9.17	20.69
第一类费用 大修理费	元	–	6.55	8.27	24.00	1.00	1.58	2.25	9.27
第一类费用 经常修理费	元	–	23.86	30.11	87.37	2.15	3.41	4.84	20.86
第一类费用 第一类费用小计	元	–	64.36	81.23	235.70	7.23	11.45	16.26	50.82
第二类费用 机上人工	工日	75.000	–	–	–	–	–	–	1.14
第二类费用 电	kW·h	0.850	38.98	73.91	110.87	24.00	33.20	74.00	236.30
第二类费用 第二类费用小计	元	–	33.13	62.82	94.24	20.40	28.22	62.90	286.36

定 额 编 号			JY0700160	JY0700170	JY0700180	JY0700190	JY0700200	JY0700210	JY0700220	JY0700230
项 目	单位	单价(元)	木工平刨床		木 工 压 刨 床				木工开榫机	木工打眼机
			刨 削 宽 度(mm)						榫头长度(mm)	MK212 钻孔直径(mm)
			300	450	单面600	双面600	三面400	四面300	160	φ50
基 价	元		**16.87**	**39.11**	**48.43**	**72.24**	**111.45**	**143.62**	**83.16**	**18.28**
第一类费用	折旧费	元	–	3.28	11.04	10.09	14.57	30.26	39.58	30.71	4.80
	大修理费	元	–	0.94	3.17	3.77	5.45	11.31	14.80	7.32	1.77
	经常修理费	元	–	3.63	12.22	10.26	14.82	25.34	33.14	22.18	7.71
	安装拆卸费	元	–	1.71	1.71	–	–	–	–	–	–
	第一类费用小计	元	–	9.56	28.14	24.12	34.84	66.91	87.52	60.21	14.28
第二类费用	电	kW·h	0.850	8.60	12.90	28.60	44.00	52.40	66.00	27.00	4.70
	第二类费用小计	元	–	7.31	10.97	24.31	37.40	44.54	56.10	22.95	4.00

定 额 编 号			JY0700240	JY0700250	JY0700260	JY0700270	JY0700280	JY0700290	JY0700300	JY0700310
项 目	单位	单价(元)	木工裁口机	木工榫槽机	普	通	车		床	
			宽度(mm)	榫槽深度(mm)	工 件 直 径 × 工 件 长 度 （mm×mm）					
			多面400	100	400×1000	400×2000	630×1400	630×2000	660×2000	1000×5000
基 价	元		**49.71**	**40.92**	**145.61**	**156.24**	**180.71**	**187.70**	**222.66**	**295.30**
第一类费用	折旧费	元	–	7.85	4.80	29.90	31.90	47.86	50.52	57.72	117.28
	大修理费	元	–	2.82	1.77	5.14	5.48	8.22	8.68	9.92	16.30
	经常修理费	元	–	8.44	7.57	5.39	5.76	8.63	9.11	10.41	17.11
	第一类费用小计	元	–	19.11	14.14	40.43	43.14	64.71	68.31	78.05	150.69
第二类费用	机上人工	工日	75.000	–	–	1.25	1.25	1.25	1.25	1.25	1.25
	电	kW·h	0.850	36.00	31.50	13.45	22.77	26.18	30.17	59.84	59.84
	第二类费用小计	元	–	30.60	26.78	105.18	113.10	116.00	119.39	144.61	144.61

定 额 编 号			JY0700320	JY0700330	JY0700340	JY0700350	JY0700360	JY0700370	JY0700380	JY0700390
项 目	单位	单价(元)	管车床	磨床 M1320E	\multicolumn{3}{c}{龙 门 刨 床}	牛头刨床	\multicolumn{2}{c}{立式铣床}
					\multicolumn{3}{c}{刨削宽度×长度(mm×mm)}	刨削长度(mm)	\multicolumn{2}{c}{台宽×台长(mm×mm)}
					1000×3000	1000×4000	1000×6000	650	320×1250	400×1250
基 价	元		**138.26**	**226.40**	**325.33**	**399.43**	**511.07**	**132.71**	**192.36**	**235.54**
第一类费用	折旧费	元	–	14.30	44.67	161.49	185.13	201.67	9.56	56.27	87.80
	大修理费	元	–	3.71	11.59	9.47	10.86	11.83	2.48	5.95	9.28
	经常修理费	元	–	3.89	8.34	5.40	6.19	6.74	1.66	4.70	7.33
	第一类费用小计	元	–	21.90	64.60	176.36	202.18	220.24	13.70	66.92	104.41
第二类费用	机上人工	工日	75.000	1.25	1.67	1.67	1.67	1.67	1.43	1.43	1.43
	电	kW·h	0.850	26.60	43.00	27.90	84.70	194.80	13.84	21.40	28.09
	第二类费用小计	元	–	116.36	161.80	148.97	197.25	290.83	119.01	125.44	131.13

定 额 编 号				JY0700400	JY0700410	JY0700420	JY0700430	JY0700440	JY0700450	JY0700460	JY0700470
项 目		单位	单价(元)	卧式铣床		立 式 钻 床			台 式 钻 床		
				台宽×台长(mm×mm)		钻 孔 直 径 （mm）					
				400×1250	400×1600	$\phi25$	$\phi35$	$\phi50$	$\phi16$	$\phi25$	$\phi35$
基 价		元		**203.26**	**196.86**	**118.20**	**123.59**	**148.94**	**114.89**	**117.26**	**123.20**
第一类费用	折旧费	元	–	62.62	58.78	5.36	7.73	23.66	1.56	2.37	4.41
	大修理费	元	–	8.49	6.22	1.13	1.64	5.01	0.33	0.50	0.93
	经常修理费	元	–	6.71	4.91	1.03	1.49	4.56	0.61	0.93	1.74
	安装拆卸费	元	–	–	–	–	–	–	1.76	1.76	1.76
	第一类费用小计	元	–	77.82	69.91	7.52	10.86	33.23	4.26	5.56	8.84
第二类费用	机上人工	工日	75.000	1.43	1.43	1.43	1.43	1.43	1.43	1.43	1.43
	电	kW·h	0.850	21.40	23.18	4.03	6.45	9.95	3.98	5.24	8.36
	第二类费用小计	元	–	125.44	126.95	110.68	112.73	115.71	110.63	111.70	114.36

定 额 编 号			JY0700480	JY0700490	JY0700500	JY0700510	JY0700520	JY0700530	JY0700540	JY0700550
项 目	单位	单价(元)	摇 臂 钻 床			剪 板 机				
			钻孔直径(mm)			厚 度 × 宽 度 （mm×mm）				
			φ25	φ50	φ63	6.3×2000	10×2500	13×2500	16×2500	20×2000
基 价	元		**127.69**	**157.38**	**175.00**	**171.55**	**219.01**	**221.90**	**225.41**	**303.02**
第一类费用	折旧费	元	–	11.93	30.24	38.58	36.61	71.27	65.09	74.58	143.06
	大修理费	元	–	2.93	7.42	9.46	2.19	4.26	3.89	4.45	9.25
	经常修理费	元	–	1.61	4.08	5.20	1.16	2.26	2.06	2.36	4.90
	第一类费用小计	元	–	16.47	41.74	53.24	39.96	77.79	71.04	81.39	157.21
第二类费用	机上人工	工日	75.000	1.43	1.43	1.43	1.43	1.43	1.43	1.43	1.43
	电	kW·h	0.850	4.67	9.87	17.07	28.64	39.97	51.30	43.26	45.36
	第二类费用小计	元	–	111.22	115.64	121.76	131.59	141.22	150.86	144.02	145.81

定 额 编 号			JY0700560	JY0700570	JY0700580	JY0700590	JY0700600	JY0700610	JY0700620	JY0700630	JY0700640
项　目	单位	单价(元)	剪　板　机				型钢剪断机	钢材电动煨弯机	弯管机	弯管机（带胎芯空压机）	液压弯管机
			厚度×宽度（mm×mm）				剪断宽度（mm）	弯曲直径（mm）	WC27－108		弯管能力（mm）
										PB16－30	D60
			20×2500	20×4000	32×4000	40×3100	500	φ500~1800	φ108		
基　价	元		**302.52**	**473.00**	**673.56**	**775.86**	**238.96**	**134.84**	**90.78**	**1624.55**	**197.29**
第一类费用	折旧费	元	－	134.24	262.39	419.26	531.47	76.28	94.50	55.04	1051.53	24.25
	大修理费	元	－	8.02	15.67	24.78	31.41	5.18	6.42	3.91	172.42	1.72
	经常修理费	元	－	4.25	8.30	13.13	16.65	5.03	4.43	4.54	362.09	2.00
	安装拆卸费	元	－	－	－	－	－	－	2.20	－	－	2.37
	第一类费用小计	元	－	146.51	286.36	457.17	579.53	86.49	107.55	63.49	1586.04	30.34
第二类费用	机上人工	工日	75.000	1.43	1.43	1.43	1.43	1.43	－	－	－	1.92
	电	kW·h	0.850	57.37	93.40	128.40	104.80	53.20	32.10	32.10	45.30	27.00
	第二类费用小计	元	－	156.01	186.64	216.39	196.33	152.47	27.29	27.29	38.51	166.95

定　额　编　号				JY0700650	JY0700660	JY0700670	JY0700680	JY0700690	JY0700700	JY0700710	JY0700720
项　　目		单位	单价(元)	多辊板料校平机		卷　　　　板　　　　机					
				厚度×宽度(mm×mm)		板　厚　×　宽　度　(mm×mm)					
				10×2000	16×2500	20×1600	20×2500	30×2000	30×3000	40×4000	45×3500
基　　　　价		元		**1240.71**	**1855.90**	**156.81**	**291.50**	**394.94**	**563.46**	**1159.29**	**1450.35**
第一类费用	折旧费	元	–	960.45	1495.86	21.97	112.89	197.30	310.05	739.87	974.16
	大修理费	元	–	52.22	81.11	1.85	9.53	16.49	29.06	61.83	81.42
	经常修理费	元	–	27.15	42.17	1.43	7.34	12.70	22.38	47.61	62.69
	第一类费用小计	元	–	1039.82	1619.14	25.25	129.76	226.49	361.49	849.31	1118.27
第二类费用	机上人工	工日	75.000	1.79	1.79	1.43	1.43	1.43	1.43	1.43	1.43
	电	kW·h	0.850	78.40	120.60	28.60	64.10	72.00	111.44	238.50	264.50
	第二类费用小计	元	–	200.89	236.76	131.56	161.74	168.45	201.97	309.98	332.08

定　额　编　号			JY0700730	JY0700740	JY0700750	JY0700760	JY0700770	JY0700780	JY0700790
项　　目	单位	单价(元)	联合冲剪机	折方机	刨　边　机		管　子　切　断　机		
			板厚(mm)	板厚×宽度 (mm×mm)	加工长度(mm)		直　　　径(mm)		
			16	4×2000	9000	12000	φ60	φ150	φ250
基　　　价	元		**252.44**	**49.06**	**711.64**	**777.63**	**19.16**	**48.07**	**59.35**
第一类费用	折旧费	元	–	66.96	28.47	348.24	403.96	6.64	19.93	21.72
	大修理费	元	–	9.08	6.84	30.98	35.94	1.60	4.79	5.22
	经常修理费	元	–	9.35	2.87	33.15	38.46	4.47	10.01	10.91
	安装拆卸费	元	–	–	–	–	–	2.37	2.37	2.37
	第一类费用小计	元	–	85.39	38.18	412.37	478.36	15.08	37.10	40.22
第二类费用	机上人工	工日	75.000	2.08	–	3.13	3.13	–	–	–
	电	kW·h	0.850	13.00	12.80	75.90	75.90	4.80	12.90	22.50
	第二类费用小计	元	–	167.05	10.88	299.27	299.27	4.08	10.97	19.13

定 额 编 号			JY0700800	JY0700810	JY0700820	JY0700830	JY0700840	JY0700850	JY0700860	JY0700870
项 目	单位	单价(元)	切管机	螺栓套丝机	管子切断套丝机	咬 口 机		坡 口 机		弓锯床
			9A151	直 径(mm)		板 厚(mm)		功 率(kW)		锯料直径(mm)
				φ39	φ159	1.2	1.5	2.2	2.8	φ250
基 价	元		**131.43**	**32.14**	**22.54**	**154.61**	**162.25**	**47.32**	**39.79**	**38.14**
第一类费用	折旧费	元	–	58.41	4.01	6.64	9.57	6.10	21.00	12.55	19.77
	大修理费	元	–	14.03	1.67	2.48	2.35	5.28	5.16	5.43	4.41
	经常修理费	元	–	29.33	2.84	8.19	6.56	14.74	12.38	13.03	6.66
	安装拆卸费	元	–	2.37	2.37	2.37	–	–	3.08	3.08	3.08
	第一类费用小计	元	–	104.14	10.89	19.68	18.48	26.12	41.62	34.09	33.92
第二类费用	机上人工	工日	75.000	–	–	–	1.67	1.67	–	–	–
	电	kW·h	0.850	32.11	25.00	3.36	12.80	12.80	6.70	6.70	4.97
	第二类费用小计	元	–	27.29	21.25	2.86	136.13	136.13	5.70	5.70	4.22

定　额　编　号				JY0700880	JY0700890	JY0700900	JY0700910	JY0700920	JY0700930	JY0700940
项　　目		单位	单价(元)	手提圆锯机	手提砂轮机	台式砂轮机	法兰卷圆机	电锤	摩擦压力机	
					砂轮直径(mm)		L40×4(mm)	功率(kW)	压力(kN)	
					ϕ150 以内	ϕ250		520	1600	3000
基　　　价		元		26.93	6.00	7.29	44.22	3.51	394.86	600.22
第一类费用	折旧费	元	–	8.10	2.30	3.29	14.90	2.32	71.03	174.01
	大修理费	元	–	3.09	–	–	3.66	–	14.94	36.60
	经常修理费	元	–	9.11	–	–	11.70	–	23.61	57.83
	安装拆卸费	元	–	–	–	–	3.08	–	–	–
	第一类费用小计	元	–	20.30	2.30	3.29	33.34	2.32	109.58	268.44
第二类费用	机上人工	工日	75.000	–	–	–	–	–	3.33	3.33
	电	kW·h	0.850	7.80	4.35	4.70	12.80	1.40	41.80	96.50
	第二类费用小计	元	–	6.63	3.70	4.00	10.88	1.19	285.28	331.78

定 额 编 号			JY0700950	JY0700960	JY0700970	JY0700980	JY0700990	JY0701000	JY0701010
项 目	单位	单价(元)	开 式 可 倾 压 力 机			空 气 锤			炉底铲平机
			压 力(kN)			锤 重(kg)			m³/h
			630	800	1250	75	150	400	8 以内
基 价	元		**251.45**	**274.00**	**326.02**	**153.46**	**194.89**	**335.16**	**32.69**
第一类费用 折旧费	元	–	60.35	69.16	100.09	16.09	27.10	82.02	15.01
大修理费	元	–	9.07	10.40	15.05	2.87	4.84	14.65	2.38
经常修理费	元	–	15.15	17.36	25.13	3.68	6.20	18.76	3.97
安装拆卸费	元	–	–	–	–	–	–	–	2.57
第一类费用小计	元	–	84.57	96.92	140.27	22.64	38.14	115.43	23.93
第二类费用 机上人工	工日	75.000	2.08	2.08	2.08	1.47	1.47	1.47	–
电	kW·h	0.850	12.80	24.80	35.00	24.20	54.70	128.80	10.30
第二类费用小计	元	–	166.88	177.08	185.75	130.82	156.75	219.73	8.76

定 额 编 号				JY0701020	JY0701030	JY0701040	JY0701050	JY0701060	JY0701070
项 目		单位	单价(元)	牵 引 机		张 力 机		钢绳卷车	导线卷车
				P300－212	DSJ4Q	T50－4H	DSJ4E	DSJ9－5	DSJ23－12L
基 价		元		**2020.67**	**1120.96**	**1884.30**	**921.28**	**293.04**	**245.09**
第一类费用	折旧费	元	－	914.49	623.54	891.41	571.07	55.67	37.75
	大修理费	元	－	142.86	97.42	136.94	86.94	22.75	15.60
	经常修理费	元	－	238.57	162.68	228.69	145.20	72.79	49.91
	安装拆卸费	元	－	2.57	2.57	2.57	2.57	3.08	3.08
	第一类费用小计	元	－	1298.49	886.21	1259.61	805.78	154.29	106.34
第二类费用	机上人工	工日	75.000	3.13	3.13	3.13	1.54	1.85	1.85
	汽油	kg	10.050	48.50	－	38.80	－	－	－
	第二类费用小计	元	－	722.18	234.75	624.69	115.50	138.75	138.75

八、泵类机械

定额编号			JY0800010	JY0800020	JY0800030	JY0800040	JY0800050	JY0800060	JY0800070	JY0800080	JY0800090	JY0800100
项目	单位	单价(元)	电动单级离心清水泵					内燃单级离心清水泵				
			出　口　直　径　(mm)									
			φ50	φ100	φ150	φ200	φ250	φ50	φ100	φ150	φ200	φ250
基　　价	元		**185.79**	**224.58**	**262.38**	**286.20**	**564.44**	**200.46**	**245.07**	**277.61**	**319.88**	**378.82**
第一类费用	折旧费	元	–	3.14	8.93	12.83	16.85	35.96	3.77	8.80	13.45	22.63	44.76
	大修理费	元	–	1.33	3.78	5.42	7.13	15.21	1.56	3.64	5.57	9.36	18.52
	经常修理费	元	–	3.20	9.10	11.61	15.25	32.55	2.79	6.52	9.97	16.76	33.15
	安装拆卸费	元	–	2.57	2.57	2.57	2.57	2.57	2.57	2.57	2.57	2.57	2.57
	第一类费用小计	元	–	10.24	24.38	32.43	41.80	86.29	10.69	21.53	31.56	51.32	99.00
第二类费用	机上人工	工日	75.000	2.08	2.08	2.08	2.08	2.08	2.08	2.08	2.08	2.08	2.08
	汽油	kg	10.050	–	–	–	–	–	3.36	6.72	8.96	11.20	12.32
	电	kW·h	0.850	23.00	52.00	87.00	104.00	379.00	–	–	–	–	–
	第二类费用小计	元	–	175.55	200.20	229.95	244.40	478.15	189.77	223.54	246.05	268.56	279.82

定 额 编 号				JY0800110	JY0800120	JY0800130	JY0800140	JY0800150	JY0800160	JY0800170	JY0800180
项 目	单位	单价(元)		电 动 多 级 离 心 清 水 泵							单级自吸水泵
				出口直径 φ50mm	出口直径 φ100mm		出口直径 φ150mm		出口直径 φ200mm		出口直径 φ150mm
				扬程 120m 以下		扬程 120m 以上	扬程 180m 以下	扬程 180m 以上	扬程 280m 以下	扬程 280m 以上	
基 价	元			**214.67**	**343.38**	**417.35**	**755.43**	**1195.99**	**1710.75**	**2885.61**	**431.54**
第一类费用	折旧费	元	–	7.80	14.59	16.97	36.21	46.90	53.06	62.49	25.85
	大修理费	元	–	2.57	4.81	5.60	11.94	15.46	17.49	20.60	2.88
	经常修理费	元	–	6.63	12.41	14.44	30.80	39.89	45.13	53.15	5.81
	安装拆卸费	元	–	2.57	2.57	2.57	2.57	2.57	2.57	2.57	2.05
	第一类费用小计	元	–	19.57	34.38	39.58	81.52	104.82	118.25	138.81	36.59
第二类费用	机上人工	工日	75.000	2.08	2.08	2.08	2.08	2.08	2.08	2.08	1.67
	柴油	kg	8.700	–	–	–	–	–	–	–	31.00
	电	kW·h	0.850	46.00	180.00	260.90	609.30	1100.20	1690.00	3048.00	–
	第二类费用小计	元	–	195.10	309.00	377.77	673.91	1091.17	1592.50	2746.80	394.95

定额编号				JY0800190	JY0800200	JY0800210	JY0800220	JY0800230	JY0800240	JY0800250	JY0800260	JY0800270	JY0800280
项目		单位	单价(元)	污 水 泵				泥 浆 泵		耐 腐 蚀 泵			
				出 口 直 径 (mm)									
				φ70	φ100	φ150	φ200	φ50	φ100	φ40	φ50	φ80	φ100
基 价		元		**241.04**	**278.59**	**369.25**	**493.66**	**199.87**	**395.11**	**197.21**	**216.83**	**298.00**	**366.31**
第一类费用	折旧费	元	–	4.02	8.90	10.91	45.52	4.02	22.83	8.33	11.92	12.35	13.36
	大修理费	元	–	0.52	1.15	1.41	5.87	0.59	3.37	1.46	2.08	2.16	2.33
	经常修理费	元	–	1.68	3.72	4.56	19.01	1.92	10.93	7.85	11.23	11.64	12.58
	安装拆卸费	元	–	2.57	2.57	2.57	2.57	2.57	2.57	2.57	2.57	2.57	2.57
	第一类费用小计	元	–	8.79	16.34	19.45	72.97	9.10	39.70	20.21	27.80	28.72	30.84
第二类费用	机上人工	工日	75.000	2.08	2.08	2.08	2.08	2.08	2.08	2.08	2.08	2.08	2.08
	电	kW·h	0.850	89.70	125.00	228.00	311.40	40.90	234.60	24.70	38.86	133.27	211.14
	第二类费用小计	元	–	232.25	262.25	349.80	420.69	190.77	355.41	177.00	189.03	269.28	335.47

定　额　编　号			JY0800290	JY0800300	JY0800310	JY0800320	JY0800330	JY0800340	JY0800350	JY0800360
项　　　目	单位	单价(元)	真　空　泵		潜　水　泵			砂　　泵		
			抽气速度(m³/h)		出　口　直　径　（mm）					
			204	660	φ50 以内	φ100	φ150	φ65	φ100	φ125
基　　　　价	元		**257.92**	**319.42**	**139.23**	**155.16**	**190.10**	**287.48**	**328.92**	**452.71**
第一类费用　折旧费	元	－	14.18	15.99	1.61	3.11	9.55	11.13	18.49	38.60
大修理费	元	－	2.36	2.66	0.28	0.54	1.67	1.95	3.23	6.75
经常修理费	元	－	5.07	5.72	1.53	2.96	9.08	7.32	12.15	25.36
安装拆卸费	元	－	3.08	3.08	2.05	2.05	2.05	3.08	3.08	3.08
第一类费用小计	元	－	24.69	27.45	5.47	8.66	22.35	23.48	36.95	73.79
第二类费用　机上人工	工日	75.000	2.50	2.50	1.67	1.67	1.67	2.50	2.50	2.50
电	kW·h	0.850	53.80	122.90	10.01	25.00	50.00	90.00	122.90	225.20
第二类费用小计	元	－	233.23	291.97	133.76	146.50	167.75	264.00	291.97	378.92

定额编号			JY0800370	JY0800380	JY0800390	JY0800400	JY0800410	JY0800420
项目	单位	单价(元)	高压油泵		试压泵			
			压		力（MPa）			
			50	80	25	30	60	80
基价	元		**253.57**	**332.70**	**148.69**	**149.39**	**154.06**	**158.23**
第一类费用	折旧费	元	–	7.18	13.40	4.91	5.15	7.06	8.98
	大修理费	元	–	1.25	2.34	0.86	0.90	1.23	1.57
	经常修理费	元	–	4.18	7.80	2.61	2.73	3.75	4.77
	安装拆卸费	元	–	2.05	2.05	2.05	2.05	2.05	2.05
	第一类费用小计	元	–	14.66	25.59	10.43	10.83	14.09	17.37
第二类费用	机上人工	工日	75.000	1.67	1.67	1.67	1.67	1.67	1.67
	电	kW·h	0.850	133.72	213.95	15.30	15.66	17.32	18.36
	第二类费用小计	元	–	238.91	307.11	138.26	138.56	139.97	140.86

定　额　编　号			JY0800430	JY0800440	JY0800450	JY0800460	JY0800470
项　　目	单位	单价(元)	比　　例　　泵			衬胶泵	射流井点泵
						出口直径(mm)	最大抽吸深度(m)
			2DB－5/10	3DS－1.8/200	2DB－3/37	φ100	9.5
基　　　　价	元		**138.31**	**183.88**	**178.50**	**400.51**	**188.90**
第一类费用 折旧费	元	－	11.73	17.33	23.84	26.40	8.50
大修理费	元	－	5.13	6.67	9.84	8.04	1.55
经常修理费	元	－	12.22	15.88	23.43	16.08	5.78
安装拆卸费	元	－	1.54	1.54	1.54	2.57	2.05
第一类费用小计	元	－	30.62	41.42	58.65	53.09	17.88
第二类费用 机上人工	工日	75.000	1.25	1.25	1.25	2.08	1.67
电	kW·h	0.850	16.40	57.30	30.70	225.20	53.85
第二类费用小计	元	－	107.69	142.46	119.85	347.42	171.02

九、焊接机械

定 额 编 号			JY0900010	JY0900020	JY0900030	JY0900040	JY0900050	JY0900060	JY0900070
项 目	单位	单价(元)	交 流 弧 焊 机						
			容		量(kV·A)				
			21	30	32	40	42	50	80
基 价	元		**189.25** **64.00**	**216.39** **91.14**	**221.86** **96.61**	**259.06** **133.81**	**261.13** **135.88**	**274.20** **148.95**	**328.26** **203.01**
第一类费用	折旧费	元	–	3.52	5.01	4.53	5.33	4.73	5.33	6.84
	大修理费	元	–	0.62	1.26	0.80	1.40	0.84	0.94	1.21
	经常修理费	元	–	2.07	4.19	2.67	4.66	2.79	3.14	4.03
	安装拆卸费	元	–	6.56	6.56	6.56	6.56	6.56	6.56	6.56
	第一类费用小计	元	–	12.77	17.02	14.56	17.95	14.92	15.97	18.64
第二类费用	机上人工	工日	75.000	1.67	1.67	1.67	1.67	1.67	1.67	1.67
	电	kW·h	0.850	60.27	87.20	96.53	136.30	142.30	156.45	216.90
	第二类费用小计	元	–	176.48	199.37	207.30	241.11	246.21	258.23	309.62

定 额 编 号			JY0900080	JY0900090	JY0900100	JY0900110	JY0900120	JY0900130	JY0900140	JY0900150
项 目	单位	单价(元)	直 流 弧 焊 机							
			功 率(kW)							
			10	12	14	15	20	30	32	40
基 价	元		171.68 46.43	180.49 55.24	188.49 63.24	193.38 68.13	209.44 84.19	228.59 103.34	232.58 107.33	238.74 113.49
第一类费用	折旧费	元	–	4.83	7.16	7.85	8.15	8.75	9.91	11.57	13.38
	大修理费	元	–	0.85	1.16	1.32	1.35	1.55	2.06	2.05	2.37
	经常修理费	元	–	3.42	4.32	4.89	5.00	5.74	7.63	7.59	8.78
	安装拆卸费	元	–	6.56	6.56	6.56	6.56	6.56	6.56	6.56	6.56
	第一类费用小计	元	–	15.66	19.20	20.62	21.06	22.60	26.16	27.77	31.09
第二类费用	机上人工	工日	75.000	1.67	1.67	1.67	1.67	1.67	1.67	1.67	1.67
	电	kW·h	0.850	36.20	42.40	50.14	55.38	72.46	90.80	93.60	96.94
	第二类费用小计	元	–	156.02	161.29	167.87	172.32	186.84	202.43	204.81	207.65

定 额 编 号			JY0900160	JY0900170	JY0900180	JY0900190	JY0900200	JY0900210	JY0900220
项 目	单位	单价(元)	对 焊 机			硅整流焊机		磁放大弧焊整流器	氩弧焊机
			容 量(kV·A)						电流(A)
			10	25	75	15	20	ZXG2-400	500
基 价	元		**154.72** **29.47**	**179.58** **54.33**	**256.38** **131.13**	**170.64** **53.64**	**184.39** **67.39**	**217.00** **100.00**	**304.11** **116.61**
第一类费用	折旧费	元	–	4.60	5.97	11.37	8.08	9.62	9.91	25.67
	大修理费	元	–	1.06	1.69	2.11	1.46	1.74	2.50	4.77
	经常修理费	元	–	3.33	5.29	6.62	5.05	6.02	8.32	16.23
	安装拆卸费	元	–	6.56	6.56	6.56	6.15	6.15	6.15	9.84
	第一类费用小计	元	–	15.55	19.51	26.66	20.74	23.53	26.88	56.51
第二类费用	机上人工	工日	75.000	1.67	1.67	1.67	1.56	1.56	1.56	2.50
	电	kW·h	0.850	16.38	40.96	122.90	38.70	51.60	86.02	70.70
	第二类费用小计	元	–	139.17	160.07	229.72	149.90	160.86	190.12	247.60

定 额 编 号	单位	单价(元)	JY0900230	JY0900240	JY0900250	JY0900260	JY0900270	JY0900280	JY0900290
项 目			二氧化碳气体保护焊机		等离子弧焊机		半自动切割机	自动仿形切割机	林肯电焊机
			电	流(A)			厚 度(mm)		功率(kV)
			250	500 以内	300	400	100	60	52 以内
基 价	元		269.72 82.22	334.34 146.84	432.73 245.23	343.59 226.59	221.48 96.23	198.84 73.59	520.87 395.62
第一类费用 折旧费	元	–	24.05	54.24	37.16	29.86	3.32	8.65	114.27
大修理费	元	–	4.47	10.07	4.90	3.73	0.42	1.09	9.61
经常修理费	元	–	23.03	51.86	26.47	22.29	2.63	6.84	51.11
安装拆卸费	元	–	9.84	9.84	9.84	6.15	6.56	6.56	6.56
第一类费用小计	元	–	61.39	126.01	78.37	62.03	12.93	23.14	181.55
第二类费用 机上人工	工日	75.000	2.50	2.50	2.50	1.56	1.67	1.67	1.67
汽油	kg	10.050	–	–	–	–	–	–	21.30
电	kW·h	0.850	24.50	24.50	196.30	193.60	98.00	59.35	–
第二类费用小计	元	–	208.33	208.33	354.36	281.56	208.55	175.70	339.32

定　额　编　号			JY0900300	JY0900310	JY0900320	JY0900330	JY0900340	JY0900350
项　　目	单位	单价(元)	自　动　埋　弧　焊　机			自动电弧焊机	电渣焊机	缝焊机
			电		流(A)			容量(kV·A)
			500	1200	1500	1500 以内	1000	150
基　　　价	元		253.01 127.76	345.07 219.82	433.46 308.21	419.62 294.37	330.34 205.09	475.01 349.76
第一类费用	折旧费	元	–	26.86	33.19	40.24	31.20	50.70	23.64
	大修理费	元	–	2.26	2.79	3.38	2.62	5.47	2.55
	经常修理费	元	–	12.01	14.84	17.99	13.95	17.41	8.12
	安装拆卸费	元	–	6.56	6.56	6.56	6.56	6.56	6.56
	第一类费用小计	元	–	47.69	57.38	68.17	54.33	80.14	40.87
第二类费用	机上人工	工日	75.000	1.67	1.67	1.67	1.67	1.67	1.67
	电	kW·h	0.850	94.20	191.10	282.40	282.40	147.00	363.40
	第二类费用小计	元	–	205.32	287.69	365.29	365.29	250.20	434.14

定　额　编　号				JY0900360	JY0900370	JY0900380	JY0900390	JY0900400	JY0900410	JY0900420	JY0900430
项　　目		单位	单价(元)	点　焊　机				汽油电焊机	柴油电焊机	拖拉机驱动弧焊机	拖拉机驱动弧焊机
				容		量(kV·A)		电	流(A)		四弧
				短臂 50	长臂 75	100	多头 6×35	160	500	二弧 2×50	
基　　　价		元		**230.09** **104.84**	**280.08** **154.83**	**337.86** **212.61**	**633.09** **507.84**	**401.74** **307.99**	**667.03** **573.28**	**899.01** **773.76**	**1732.48** **1607.23**
第一类费用	折旧费	元	–	6.24	9.96	18.21	40.74	18.18	32.38	115.49	725.54
	大修理费	元	–	1.10	1.75	3.20	7.16	3.38	5.05	13.44	75.88
	经常修理费	元	–	3.20	5.11	9.34	20.90	4.02	6.02	7.12	40.21
	安装拆卸费	元	–	6.56	6.56	6.56	6.56	–	–	–	–
	第一类费用小计	元	–	17.10	23.38	37.31	75.36	25.58	43.45	136.05	841.63
第二类费用	机上人工	工日	75.000	1.67	1.67	1.67	1.67	1.25	1.25	1.67	1.67
	汽油	kg	10.050	–	–	–	–	28.10			
	柴油	kg	8.700	–	–	–	–	–	60.90	73.30	88.00
	电	kW·h	0.850	103.22	154.65	206.24	508.80				
	第二类费用小计	元	–	212.99	256.70	300.55	557.73	376.16	623.58	762.96	890.85

十、动力机械

定 额 编 号			JY1000010	JY1000020	JY1000030	JY1000040	JY1000050	JY1000060	JY1000070	JY1000080	JY1000090
项 目	单位	单价(元)	柴 油 发 电 机 组								汽油发电机组
			功 率(kW)								
			30	50	60	90	120	160	200	320	10
基 价	元		**610.68**	**947.28**	**969.75**	**1274.24**	**1711.27**	**2064.93**	**2568.40**	**3726.88**	**333.17**
第一类费用	折旧费	元	–	31.18	35.24	41.93	49.74	60.87	92.42	125.11	194.75	16.68
	大修理费	元	–	4.89	5.53	6.58	7.81	9.55	14.50	19.63	30.25	2.74
	经常修理费	元	–	15.95	18.03	21.45	25.45	31.14	47.28	64.01	82.57	10.56
	安装拆卸费	元	–	13.20	13.20	13.20	13.20	13.20	13.20	13.20	13.20	11.00
	第一类费用小计	元	–	65.22	72.00	83.16	96.20	114.76	167.40	221.95	320.77	40.98
第二类费用	机上人工	工日	75.000	1.67	3.33	3.33	3.33	3.33	3.33	3.33	3.33	1.39
	汽油	kg	10.050	–	–	–	–	–	–	–	–	18.70
	柴油	kg	8.700	48.30	71.90	73.20	106.70	154.80	189.40	241.00	362.80	–
	第二类费用小计	元	–	545.46	875.28	886.59	1178.04	1596.51	1897.53	2346.45	3406.11	292.19

定　额　编　号			JY1000100	JY1000110	JY1000120	JY1000130	JY1000140	JY1000150	JY1000160	JY1000170
项　　目	单位	单价(元)	电　动　空　气　压　缩　机							
			排　　　　气　　　　量(m³/min)							
			0.3	0.6	1	3	6	10	20	40
基　　　价	元		**122.26**	**130.54**	**146.17**	**231.38**	**338.45**	**519.44**	**830.09**	**1522.45**
第一类费用	折旧费	元	–	2.13	2.74	3.58	21.34	30.56	42.90	72.70	218.29
	大修理费	元	–	0.48	0.62	0.81	4.83	6.91	9.70	16.44	48.86
	经常修理费	元	–	2.31	2.96	3.87	10.18	14.58	20.47	34.69	80.61
	安装拆卸费	元	–	9.90	9.90	9.90	9.90	9.90	9.90	18.44	18.44
	第一类费用小计	元	–	14.82	16.22	18.16	46.25	61.95	82.97	142.27	366.20
第二类费用	机上人工	工日	75.000	1.25	1.25	1.25	1.25	1.25	1.25	1.25	1.25
	电	kW·h	0.850	16.10	24.20	40.30	107.50	215.00	403.20	698.90	1250.00
	第二类费用小计	元	–	107.44	114.32	128.01	185.13	276.50	436.47	687.82	1156.25

定 额 编 号			JY1000180	JY1000190	JY1000200	JY1000210	JY1000220	JY1000230
项 目	单位	单价(元)	内 燃 空 气 压 缩 机					
			排 气 量(m³/min)					
			3	6	9	12	17	40
基 价	元		388.27	524.78	691.90	819.94	1621.56	4969.75
第一类费用	折旧费	元	–	26.21	44.96	59.36	63.48	69.96	195.81
	大修理费	元	–	8.26	14.17	18.71	20.01	22.05	61.09
	经常修理费	元	–	27.43	47.06	62.13	66.43	73.21	145.39
	安装拆卸费	元	–	9.90	9.90	9.90	9.90	18.44	18.44
	第一类费用小计	元	–	71.80	116.09	150.10	159.82	183.66	420.73
第二类费用	机上人工	工日	75.000	1.25	1.25	1.25	1.25	1.25	1.25
	柴油	kg	8.700	25.60	36.20	51.50	65.10	154.50	512.10
	第二类费用小计	元	–	316.47	408.69	541.80	660.12	1437.90	4549.02

定 额 编 号			JY1000240	JY1000250	JY1000260	JY1000270	JY1000280
项 目	单位	单价(元)	无油空气压缩机		工 业 锅 炉		
			排气量(m³/min)		蒸 发 量(t/h)		
			9	20	1	2	4
基 价	元		**554.38**	**1046.00**	**1296.48**	**2221.60**	**2862.45**
第一类费用 折旧费	元	–	109.39	224.82	107.08	129.25	205.19
大修理费	元	–	29.42	51.79	13.97	16.86	26.77
经常修理费	元	–	40.60	71.46	7.26	8.77	13.92
安装拆卸费	元	–	9.90	18.44	52.52	52.52	52.52
第一类费用小计	元	–	189.31	366.51	180.83	207.40	298.40
第二类费用 机上人工	工日	75.000	1.25	1.25	1.25	1.25	1.25
煤	t	850.000	–	–	1.15	2.17	2.79
电	kW·h	0.850	319.20	689.10	–	–	–
水	t	4.000	–	–	7.30	14.00	19.00
木柴	kg	0.950	–	–	16.00	21.00	24.00
第二类费用小计	元	–	365.07	679.49	1115.65	2014.20	2564.05

十一、地下工程机械

定　额　编　号			JY1100010	JY1100020	JY1100030	JY1100040	JY1100050	JY1100060	JY1100070	JY1100080
项　　目	单位	单价(元)	干 式 出 土 盾 构 掘 进 机					水力出土盾构掘进机		
			直 　　　　　　　　　径(mm)							
			$\phi3500$	$\phi5000$	$\phi7000$	$\phi10000$	$\phi12000$	$\phi3500$	$\phi5000$	$\phi7000$
基　　　价	元		**1345.15**	**2012.67**	**2676.05**	**4422.05**	**6309.09**	**1481.88**	**2108.86**	**2771.63**
第一类费用	折旧费	元	–	966.64	1446.33	1923.05	3177.75	4533.80	1098.88	1563.81	2055.29
	大修理费	元	–	138.65	207.45	275.82	455.79	650.29	141.85	201.87	265.31
	经常修理费	元	–	239.86	358.89	477.18	788.51	1125.00	241.15	343.18	451.03
	第一类费用小计	元	–	1345.15	2012.67	2676.05	4422.05	6309.09	1481.88	2108.86	2771.63

定　额　编　号			JY1100090	JY1100100	JY1100110	JY1100120	JY1100130	JY1100140	JY1100150	JY1100160
项　　目	单位	单价(元)	水力出土盾构掘进机		气压平衡式盾构掘进机			刀盘式干出土土压平衡式盾构掘进机		
			直　　　　　　径(mm)					管　　　径(mm)		
			φ10000	φ12000	φ3500	φ5000	φ7000	φ3500	φ5000	φ7000
基　　价	元		**4728.61**	**6723.51**	**2577.52**	**3237.12**	**4231.36**	**2247.70**	**3363.02**	**4471.64**
第一类费用	折旧费	元	–	3506.48	4985.78	1903.45	2390.55	3124.77	1626.26	2433.22	3235.33
	大修理费	元	–	452.64	643.60	266.43	334.61	437.39	227.63	340.59	452.86
	经常修理费	元	–	769.49	1094.13	407.64	511.96	669.20	393.81	589.21	783.45
	第一类费用小计	元	–	4728.61	6723.51	2577.52	3237.12	4231.36	2247.70	3363.02	4471.64

定 额 编 号			JY1100170	JY1100180	JY1100190	JY1100200	JY1100210	JY1100220	JY1100230
项 目	单位	单价(元)	刀盘式水力出土泥水平衡式盾构掘进机			盾构同步压浆泵	医疗闸设备	垂直顶升设备	履带式绳索抓斗成槽机
			管 径(mm)						
			φ3500	φ5000	φ7000	D2.1m×7m			550A－50MHL－630
基 价	元		**2329.27**	**3485.13**	**4645.89**	**679.09**	**312.73**	**1577.01**	**2689.26**
第一类费用	折旧费	元	–	1738.08	2600.58	3466.73	382.07	125.01	315.55	1008.15
	大修理费	元	–	218.96	327.61	436.73	42.46	13.36	37.20	156.55
	经常修理费	元	–	372.23	556.94	742.43	49.68	29.53	72.91	220.74
	安装拆卸费	元	–	–	–	–	26.34	18.44	24.59	–
	第一类费用小计	元	–	2329.27	3485.13	4645.89	500.55	186.34	450.25	1385.44
第二类费用	机上人工	工日	75.000	–	–	–	1.79	1.25	8.33	4.55
	柴油	kg	8.700	–	–	–	–	–	–	110.64
	电	kW·h	0.850	–	–	–	52.10	38.40	590.60	–
	第二类费用小计	元	–	–	–	–	178.54	126.39	1126.76	1303.82

定 额 编 号			JY1100240	JY1100250	JY1100260	JY1100270	JY1100280	JY1100290	JY1100300	JY1100310
项 目	单位	单价(元)	履带式液压抓斗成槽机		导杆式液压抓斗成槽机	井架式液压抓斗成槽机	反循环钻机	多头钻成槽机	超声波测壁机	泥浆制作循环设备
			KH180MHL－800	KH180MHL－1200	E50KRC2/45K2502		60P45A	BW		
基 价	元		**3646.80**	**5439.49**	**5317.40**	**918.59**	**2623.25**	**4687.00**	**240.51**	**2074.24**
第一类费用	折旧费	元	－	1529.82	2462.18	2846.39	178.37	1524.02	2687.04	51.20	939.31
	大修理费	元	－	237.56	382.35	293.89	27.70	173.30	320.28	11.58	44.26
	经常修理费	元	－	334.96	539.11	414.38	135.73	303.28	999.27	19.11	66.83
	安装拆卸费	元	－	－	－	－	－	－	－	2.05	60.02
	第一类费用小计	元	－	2102.34	3383.64	3554.66	341.80	2000.60	4006.59	83.94	1110.42
第二类费用	机上人工	工日	75.000	4.55	4.55	4.55	4.55	2.27	3.41	1.67	7.14
	柴油	kg	8.700	138.30	197.08	163.39	－	52.00	－	－	－
	电	kW·h	0.850	－	－	－	277.10	－	499.60	36.85	503.90
	第二类费用小计	元	－	1544.46	2055.85	1762.74	576.79	622.65	680.41	156.57	963.82

定　额　编　号	单位	单价(元)	JY1100320	JY1100330	JY1100340	JY1100350	JY1100360	JY1100361	JY1100363	JY1100370	JY1100380
			锁口管顶升机	沉井钻吸机组	潜水电钻		液压钻机	深层搅拌钻机	振冲器	双液压注浆泵	液压注浆泵
项　　目				KH180－2 配 GZQ1250A	75 型	80 型	G－2A	CZB－600	30KVA	PH2×5	HYB50/50－1 型
基　　　　价	元		**415.88**	**3968.84**	**160.99**	**182.10**	**534.22**	**1267.48**	**429.84**	**378.98**	**254.95**
第一类费用	折旧费	元	－	72.43	1212.13	43.08	56.73	54.69	440.77	22.52	143.47	58.90
	大修理费	元	－	6.91	294.10	7.10	9.35	9.25	56.05	5.17	22.83	9.47
	经常修理费	元	－	30.34	399.98	16.48	21.69	9.90	76.23	19.19	21.91	9.09
	安装拆卸费	元	－	2.05	－	9.84	9.84	4.92	4.92	6.56	8.20	8.20
	第一类费用小计	元	－	111.73	1906.21	76.50	97.61	78.76	577.97	53.44	196.41	85.66
第二类费用	机上人工	工日	75.000	3.33	6.25	－	－	2.50	2.50	3.33	2.08	2.08
	柴油	kg	8.700	－	67.80	－	－	30.80	－	－	－	－
	电	kW·h	0.850	64.00	1181.20	99.40	99.40	－	590.60	149.00	31.26	15.63
	第二类费用小计	元	－	304.15	2062.63	84.49	84.49	455.46	689.51	376.40	182.57	169.29

定 额 编 号			JY1100390	JY1100400	JY1100410	JY1100420	JY1100430	JY1100440	JY1100450	JY1100460
项 目	单位	单价(元)	刀 盘 式 土 压 平 衡 顶 管 掘 进 机						人工挖土法顶管设备	
			管				径(mm)			
			φ1650	φ1800	φ2200	φ2460	φ2800	φ3000	φ1200	φ1650
基　　价	元		**966.46**	**1203.65**	**1390.57**	**2395.98**	**2623.17**	**2828.89**	**154.54**	**201.83**
第一类费用	折旧费	元	–	488.27	650.01	771.98	1473.28	1619.16	1746.55	14.42	16.90
	大修理费	元	–	53.97	71.85	85.33	162.85	178.98	193.06	2.12	2.49
	经常修理费	元	–	99.31	132.20	157.01	299.64	329.32	355.22	9.25	10.85
	安装拆卸费	元	–	16.39	16.39	16.39	16.39	16.39	16.39	1.37	1.37
	第一类费用小计	元	–	657.94	870.45	1030.71	1952.16	2143.85	2311.22	27.16	31.61
第二类费用	电	kW·h	0.850	362.96	392.00	423.36	522.14	563.91	609.02	149.85	200.26
	第二类费用小计	元	–	308.52	333.20	359.86	443.82	479.32	517.67	127.38	170.22

定　额　编　号				JY1100470	JY1100480	JY1100490	JY1100500	JY1100510	JY1100520	JY1100530	JY1100540
项　　目		单位	单价(元)	人工挖土法顶管设备		挤　压　法　顶　管　设　备					
				管　　　　　　　　　径（mm）							
				φ2000	φ2460	φ1000	φ1200	φ1400	φ1500	φ1650	φ1800
基　　价		元		**247.90**	**250.66**	**175.61**	**184.98**	**230.95**	**239.28**	**255.21**	**316.39**
第一类费用	折旧费	元	－	18.71	20.25	30.18	36.21	38.22	43.59	53.85	65.65
	大修理费	元	－	2.75	2.98	4.46	5.35	5.65	6.44	7.96	9.71
	经常修理费	元	－	12.01	13.00	12.22	14.67	15.49	17.66	21.81	26.60
	安装拆卸费	元	－	1.37	1.37	1.37	1.37	1.37	1.37	1.37	1.37
	第一类费用小计	元	－	34.84	37.60	48.23	57.60	60.73	69.06	84.99	103.33
第二类费用	电	kW·h	0.850	250.66	250.66	149.86	149.86	200.26	200.26	200.26	250.66
	第二类费用小计	元	－	213.06	213.06	127.38	127.38	170.22	170.22	170.22	213.06

定 额 编 号			JY1100550	JY1100560	JY1100570	JY1100580
项 目	单位	单价(元)	挤 压 法 顶 管 设 备		挤压法顶管设备	液压柜(动力系统)
			管 径(mm)			
			φ2000	φ2200	φ2400	
基 价	元		**343.15**	**386.68**	**482.59**	**231.73**
第一类费用	折旧费	元	–	82.89	110.92	172.68	9.59
	大修理费	元	–	12.25	16.40	25.53	1.42
	经常修理费	元	–	33.58	44.93	69.95	7.66
	安装拆卸费	元	–	1.37	1.37	1.37	–
	第一类费用小计	元	–	130.09	173.62	269.53	18.67
第二类费用	电	kW·h	0.850	250.66	250.66	250.66	250.66
	第二类费用小计	元	–	213.06	213.06	213.06	213.06

定　额　编　号				JY1100590	JY1100600	JY1100610	JY1100620	JY1100630	JY1100640	JY1100650	JY1100660
项　　　　目	单位	单价(元)		遥　控　顶　管　掘　进　机					三壁凿岩台车	三向倾卸轮胎式装载机	装药台车
				管　　　　　　　径(mm)							
				$\phi800$	$\phi1200$	$\phi1350$	$\phi1650$	$\phi1800$	H178	996D	DT－100
基　　　价	元			**2377.70**	**2450.30**	**2576.64**	**2764.45**	**3060.30**	**6957.12**	**1719.60**	**1755.79**
第一类费用	折旧费	元	－	1409.72	1457.56	1525.66	1634.27	1829.22	3459.07	1024.94	1088.95
	大修理费	元	－	256.93	265.65	278.06	297.85	333.38	942.87	187.24	179.74
	经常修理费	元	－	472.75	488.79	511.63	548.05	613.42	2555.18	507.42	487.10
	安装拆卸费	元	－	16.39	16.39	16.39	16.39	16.39	－	－	－
	第一类费用小计	元	－	2155.79	2228.39	2331.74	2496.56	2792.41	6957.12	1719.60	1755.79
第二类费用	电	kW·h	0.850	261.07	261.07	288.12	315.17	315.17	－	－	－
	第二类费用小计	元	－	221.91	221.91	244.90	267.89	267.89	－	－	－

十二、其他机械

定 额 编 号			JY1200010	JY1200020	JY1200030	JY1200040	JY1200050	JY1200060	JY1200070	JY1200080
项 目	单位	单价(元)	轴 流 风 机			离 心 通 风 机				吹风机
			功 率(kW)			能 力(m³/min)				
			7.5	30	100	335－1300	464－1717	585－2463	747－3132	4
基 价	元		**42.81**	**154.49**	**488.35**	**96.53**	**158.71**	**281.32**	**522.94**	**73.62**
第一类费用	折旧费	元	－	3.92	10.26	21.43	10.63	12.78	20.54	28.15	8.15
	大修理费	元	－	0.44	1.15	2.40	2.38	2.86	4.60	6.30	0.87
	经常修理费	元	－	1.11	2.89	4.48	4.45	5.35	5.75	7.88	2.19
	安装拆卸费	元	－	3.08	3.08	3.08	2.57	2.57	2.57	2.57	3.08
	第一类费用小计	元	－	8.55	17.38	31.39	20.03	23.56	33.46	44.90	14.29
第二类费用	电	kW·h	0.850	40.30	161.30	537.60	90.00	159.00	291.60	562.40	69.80
	第二类费用小计	元	－	34.26	137.11	456.96	76.50	135.15	247.86	478.04	59.33

定　额　编　号				JY1200090	JY1200100	JY1200110	JY1200120	JY1200130	JY1200140	JY1200150	JY1200160
项　　　　目		单位	单价(元)	鼓　风　机		风动锻钎机	液压锻钎机	电动修钎机	立式液压千斤顶		
				能力(m³/min)			功率(kW)		起　重　量(t)		
				8 以内	18		11.25		100	200	300
基　　　价		元		85.41	213.04	484.92	402.90	404.83	7.70	9.21	13.01
第一类费用	折旧费	元	－	1.81	21.73	14.70	24.13	33.68	2.64	3.35	5.58
	大修理费	元	－	0.13	1.60	4.46	7.70	6.36	1.01	1.31	1.90
	经常修理费	元	－	0.32	3.88	3.12	5.39	4.33	1.68	2.18	3.16
	安装拆卸费	元	－	3.08	3.08	7.57	7.57	7.03	2.37	2.37	2.37
	第一类费用小计	元	－	5.34	30.29	29.85	44.79	51.40	7.70	9.21	13.01
第二类费用	机上人工	工日	75.000	－	－	3.85	3.85	3.57	－	－	－
	电	kW·h	0.850	94.20	215.00	－	81.60	100.80	－	－	－
	风	m³	0.165	－	－	1008.00	－	－	－	－	－
	第二类费用小计	元	－	80.07	182.75	455.07	358.11	353.43	－	－	－

定 额 编 号			JY1200170	JY1200180	JY1200190	JY1200200	JY1200210	JY1200220	JY1200230	JY1200240	JY1200250
项 目	单位	单价(元)	磨砖机	切砖机	钻砖机	平面水磨石机	立面水磨石机	除锈喷砂机	箱 式 加 热 炉		
									RJX-45-9	RJX-75-9	RJX-50-13
			功 率(kW)		直径(mm)	功 率(kW)		能力(m³/min)			
			4	5.5	φ13	3	1.1	3			
基 价	元		**213.88**	**209.48**	**201.97**	**25.12**	**32.71**	**20.45**	**146.83**	**241.06**	**181.49**
第一类费用	折旧费	元	–	10.41	5.74	4.67	4.02	9.77	11.37	19.39	31.02	34.32
	大修理费	元	–	1.94	1.07	0.73	0.70	0.89	2.89	4.46	7.13	7.89
	经常修理费	元	–	2.45	1.04	1.23	5.93	7.58	4.14	4.72	7.56	8.36
	安装拆卸费	元	–	3.08	3.08	3.08	2.57	2.57	2.05	2.57	2.57	2.57
	第一类费用小计	元	–	17.88	10.93	9.71	13.22	20.81	20.45	31.14	48.28	53.14
第二类费用	机上人工	工日	75.000	2.50	2.50	2.50	–	–	–	–	–	–
	电	kW·h	0.850	10.00	13.00	5.60	14.00	14.00	–	136.10	226.80	151.00
	第二类费用小计	元	–	196.00	198.55	192.26	11.90	11.90	–	115.69	192.78	128.35

定　额　编　号			JY1200260	JY1200270	JY1200280	JY1200290	JY1200300	JY1200310	JY1200320	JY1200330
项　　目	单位	单价(元)	立爪扒渣机	梭式矿车	电　　　　　瓶　　　　　车					
			瑞典9HR	8m³	牵　引　质　量(t)					
					2.5	5	7	8	10	12
基　　　　价	元		**1038.48**	**384.35**	**173.97**	**326.61**	**352.39**	**353.29**	**378.45**	**420.90**
第一类费用	折旧费	元	–	367.83	83.44	38.08	58.54	73.99	74.53	89.62	115.07
	大修理费	元	–	84.74	16.51	7.97	12.25	15.49	15.60	18.76	24.09
	经常修理费	元	–	194.06	15.18	12.67	26.83	33.92	34.17	41.08	52.75
	安装拆卸费	元	–	–	5.47	11.00	20.49	20.49	20.49	20.49	20.49
	第一类费用小计	元	–	646.63	120.60	69.72	118.11	143.89	144.79	169.95	212.40
第二类费用	机上人工	工日	75.000	2.78	2.78	1.39	2.78	2.78	2.78	2.78	2.78
	电	kW·h	0.850	215.70	65.00	–	–	–	–	–	–
	第二类费用小计	元	–	391.85	263.75	104.25	208.50	208.50	208.50	208.50	208.50

定 额 编 号			JY1200340	JY1200350	JY1200360	JY1200370	JY1200380	JY1200390	JY1200400	JY1200410
项 目	单位	单价(元)	硅整流充电机	泥浆拌合机	潜水设备	潜水减压仓	气动灌浆机	电动灌浆机	组合烘箱	液压升降机
			90A/190V	100~150L						提升高度9m
基 价	元		**215.25**	**120.35**	**1949.29**	**195.07**	**154.28**	**156.67**	**156.93**	**32.47**
第一类费用 折旧费	元	–	12.67	2.76	33.96	134.64	5.51	7.54	29.08	18.11
大修理费	元	–	2.77	0.60	2.52	12.99	0.94	1.29	4.98	2.36
经常修理费	元	–	8.76	2.53	35.24	41.97	4.94	6.77	5.13	9.43
安装拆卸费	元	–	2.05	1.71	2.57	5.47	2.05	2.05	2.05	2.57
第一类费用小计	元	–	26.25	7.60	74.29	195.07	13.44	17.65	41.24	32.47
第二类费用 机上人工	工日	75.000	1.67	1.39	25.00	–	1.67	1.67	–	–
电	kW·h	0.850	75.00	10.00	–	–	–	16.20	136.10	–
风	m³	0.165	–	–	–	–	94.50	–	–	–
第二类费用小计	元	–	189.00	112.75	1875.00		140.84	139.02	115.69	

定 额 编 号			JY1200420	JY1200430	JY1200440	JY1200450	JY1200460	JY1200470	JY1200480	JY1200490
项 目	单位	单价(元)	平台升降车		反吸式除尘机	电 焊 条 烘 干 箱				架空索道绞盘机
			提升高度(m)			容 量 (cm³)				
			20	40	D2 - FX1	45 × 35 × 45	55 × 45 × 55	60 × 50 × 75	80 × 80 × 100	型号 KJ - 3
基 价	元		977.87	2381.90	89.48	15.55	21.40	28.84	57.04	543.77
第一类费用	折旧费	元	–	234.79	1466.50	40.81	6.58	8.62	11.37	15.56	34.33
	大修理费	元	–	48.03	77.04	3.13	1.20	1.57	2.07	2.83	16.12
	经常修理费	元	–	67.24	107.86	3.54	2.07	2.71	3.58	4.90	27.88
	安装拆卸费	元	–	1.71	–	2.05	–	–	–	–	3.08
	第一类费用小计	元	–	351.77	1651.40	49.53	9.85	12.90	17.02	23.29	81.41
第二类费用	机上人工	工日	75.000	2.78	2.78	–	–	–	–	–	1.85
	汽油	kg	10.050	–	–	–	–	–	–	–	32.20
	柴油	kg	8.700	48.00	60.00	–	–	–	–	–	–
	电	kW·h	0.850	–	–	47.00	6.70	10.00	13.90	39.70	–
	第二类费用小计	元	–	626.10	730.50	39.95	5.70	8.50	11.82	33.75	462.36

定　额　编　号			JY1200500	JY1200510	JY1200520	JY1200530	JY1200540	JY1200550	JY1200560	JY1200570
项　　目	单位	单价(元)	超　声　波　探　伤　机			X　射　线　探　伤　机				周向 X 光探伤机
			CTS－8	CTS－22	CTS－26	1605	2005	2505	3005	携带式 2005
基　　价	元		**243.31**	**253.25**	**284.93**	**219.47**	**259.45**	**267.10**	**341.30**	**286.69**
第一类费用 折旧费	元	－	21.60	17.34	28.80	14.72	36.81	38.28	78.04	44.99
大修理费	元	－	8.51	5.89	9.78	3.54	8.84	9.20	18.75	18.14
经常修理费	元	－	15.82	10.96	22.11	7.99	19.99	20.79	42.37	29.75
安装拆卸费	元	－	3.08	3.08	3.08	3.08	3.08	3.08	3.08	3.08
第一类费用小计	元	－	49.01	37.27	63.77	29.33	68.72	71.35	142.24	95.96
第二类费用 机上人工	工日	75.000	2.50	2.50	2.50	2.50	2.50	2.50	2.50	2.50
电	kW·h	0.850	8.00	33.50	39.60	3.10	3.80	9.70	13.60	3.80
第二类费用小计	元	－	194.30	215.98	221.16	190.14	190.73	195.75	199.06	190.73

定 额 编 号	单位	单价(元)	JY1200580	JY1200590	JY1200600	JY1200610	JY1200620	JY1200630	JY1200640	JY1200650	JY1200660
项 目	单位	单价(元)	磁 粉 探 伤 机			冷缠机	打洞立杆机	通井机	抓 管 机		
			周向磁化电流（A）			功		率（kW）			
			6000	9000	12500	157	92	66	80	120	160
基 价	元		**324.00**	**385.46**	**1041.38**	**1272.21**	**923.68**	**891.14**	**942.46**	**1336.93**	**1585.78**
第一类费用 折旧费	元	–	78.42	92.55	269.99	273.41	182.10	139.55	107.90	262.88	291.00
大修理费	元	–	32.45	38.25	112.27	57.76	52.84	25.72	25.95	63.22	69.98
经常修理费	元	–	48.35	56.99	167.28	158.85	142.68	69.44	70.06	170.69	188.94
安装拆卸费	元	–	2.57	2.57	–	–	–	–	–	–	–
第一类费用小计	元	–	161.79	190.36	549.54	490.02	377.62	234.71	203.91	496.79	549.92
第二类费用 机上人工	工日	75.000	2.08	2.08	2.08	3.33	2.78	2.50	2.94	2.94	2.94
柴油	kg	8.700	–	–	–	61.20	38.80	53.90	58.10	68.70	89.40
电	kW·h	0.850	7.30	46.00	395.10	–	–	–	–	–	–
其他费用	元	–	–	–	–	–	–	–	12.58	21.95	37.58
第二类费用小计	元	–	162.21	195.10	491.84	782.19	546.06	656.43	738.55	840.14	1035.86

定　额　编　号			JY1200670	JY1200680	JY1200690	JY1200700	JY1200710	JY1200720	JY1200730	JY1200740
项　　目	单位	单价(元)	吊　　管　　机			高压压风机车	水泥车		横穿孔机	履带式钻孔机
			功　　　　　　　率(kW)				最高工作压力(Pa)		功率(kW)	孔径(mm)
			75	165	240	300	30	40		φ400~700
基　　　　价	元		**899.28**	**1613.49**	**1942.58**	**3658.51**	**1515.72**	**2309.59**	**1189.56**	**851.25**
第一类费用	折旧费	元	–	117.27	374.70	500.25	386.49	334.26	713.57	564.43	259.09
	大修理费	元	–	22.09	70.59	94.25	45.61	22.22	47.44	45.69	17.42
	经常修理费	元	–	59.65	190.60	254.47	127.71	60.00	128.08	100.52	60.12
	第一类费用小计	元	–	199.01	635.89	848.97	559.81	416.48	889.09	710.64	336.63
第二类费用	机上人工	工日	75.000	2.94	2.94	2.94	1.47	2.78	2.78	4.17	2.50
	柴油	kg	8.700	53.70	84.50	95.50	343.50	93.80	128.90	19.10	37.60
	其他费用	元	–	12.58	21.95	42.26	–	74.68	90.57	–	–
	第二类费用小计	元	–	700.27	977.60	1093.61	3098.70	1099.24	1420.50	478.92	514.62

定 额 编 号			JY1200750	JY1200760	JY1200770	JY1200780	JY1200790	JY1200800	JY1200810	JY1200820
项 目	单位	单价（元）	轻便钻机	液压钻机	工程修理车		滤油机	对 口 器		
			XJ－100	XU－100	JX－12A	EQ－141	LX100型	φ426mm	φ529mm	φ720mm
基 价	元		**233.36**	**296.72**	**959.39**	**1185.26**	**131.96**	**164.46**	**170.07**	**237.99**
第一类费用	折旧费	元	－	12.22	42.72	102.52	183.94	4.58	38.56	41.69	79.55
	大修理费	元	－	2.81	4.30	18.06	27.37	0.45	11.77	12.73	24.29
	经常修理费	元	－	11.68	20.43	41.54	62.95	1.04	18.84	20.36	38.86
	安装拆卸费	元	－	1.54	1.54	－	－	1.54	1.54	1.54	1.54
	第一类费用小计	元	－	28.25	68.99	162.12	274.26	7.61	70.71	76.32	144.24
第二类费用	机上人工	工日	75.000	1.25	1.25	6.94	6.94	1.25	1.25	1.25	1.25
	汽油	kg	10.050	－	－	26.20	37.20	－	－	－	－
	柴油	kg	8.700	12.80	15.40	－	－	－	－	－	－
	电	kW·h	0.850	－	－	－	－	36.00	－	－	－
	其他费用	元	－	－	－	13.46	16.64	－	－	－	－
	第二类费用小计	元	－	205.11	227.73	797.27	911.00	124.35	93.75	93.75	93.75

定 额 编 号			JY1200830	JY1200840	JY1200850	JY1200860	JY1200870	JY1200880	JY1200890	JY1200900
项 目	单位	单价(元)	喷射机	卧式快装锅炉		布袋 除尘切砖机	吸尘器	热 熔 焊 接 机		
			HP2V－5	1t/h	2t/h	φ400mm	V3－85	SH－63	SHD－160C	SHD－630
基 价	元		**33.59**	**1003.50**	**1778.94**	**27.21**	**4.39**	**18.06**	**67.01**	**322.67**
第 一 类 费 用	折旧费	元	－	17.65	45.96	70.40	9.35	1.67	9.10	42.60	211.47
	大修理费	元	－	1.50	5.88	8.35	0.76	－	1.70	7.96	39.52
	经常修理费	元	－	3.46	13.52	19.22	1.79	－	1.80	8.44	41.89
	安装拆卸费	元	－	2.05	2.05	2.05	2.05	－	2.05	2.05	2.05
	第一类费用小计	元	－	24.66	67.41	100.02	13.95	1.67	14.65	61.05	294.93
第 二 类 费 用	机上人工	工日	75.000	－	1.43	1.70	－	－	－	－	－
	煤	t	850.000	－	0.96	1.80	－	－	－	－	－
	电	kW·h	0.850	10.50	15.10	25.20	15.60	3.20	4.01	7.01	32.64
	第二类费用小计	元	－	8.93	936.09	1678.92	13.26	2.72	3.41	5.96	27.74

定 额 编 号			JY1200910	JY1200920	JY1200930	JY1200940	JY1200950	JY1200960	JY1200970	JY1200980	JY1200990
项 目	单位	单价(元)	多角焊接机	电熔焊接机	电 动 双 梁 桥 式 起 重 机						
			DSH－250	DRH－160A	15t/3t	20t/5t	30t/5t	50t/10t	75t/20t	100t/20t	200t/25t
基 价	元		**199.49**	**35.41**	**500.21**	**536.00**	**663.39**	**838.70**	**1321.60**	**1486.11**	**2678.82**
第一类费用	折旧费	元	－	136.07	19.99	186.72	203.32	265.31	344.02	574.81	659.82	1175.00
	大修理费	元	－	25.43	3.74	50.03	54.47	71.08	92.17	154.00	174.79	302.66
	经常修理费	元	－	26.96	3.96	108.56	118.21	154.25	200.01	334.19	379.30	656.76
	安装拆卸费	元	－	2.05	2.05	－	－	－	－	－	－	－
	第一类费用小计	元	－	190.51	29.74	345.31	376.00	490.64	636.20	1063.00	1213.91	2134.42
第二类费用	机上人工	工日	75.000	－	－	1.00	1.00	1.00	1.00	1.00	1.00	2.00
	电	kW·h	0.850	10.56	6.67	94.00	100.00	115.00	150.00	216.00	232.00	464.00
	第二类费用小计	元	－	8.98	5.67	154.90	160.00	172.75	202.50	258.60	272.20	544.40

附表一、塔式起重机基础及轨道铺拆费用表

工作内容:1.平整场地;2.日常维修;3.拆铺钢轨枕木;4.钢轨枕木及附件运输;5.道渣材料的摊销及运输。

序号	项　　　目	单位	基价(元)	费　用　组　成		
				人工费(元)	材料费(元)	机械费(元)
1	固定式基础(带配重)	座	6215.58	1822.50	4238.18	154.90
2	轨道式基础	m(双轨)	299.97	101.25	192.82	5.89

附表二、特大型机械每安装、拆卸一次费用表

工作内容：拆除：自使用状态逐渐拆下并整理堆放成运输状态。安装：将运至现场各部件组并成整体,试运转至使用状态。

序号	项　　目	单位	基价(元)	费　用　组　成		
				人工费(元)	材料费(元)	机械费(元)
1	塔式起重机 60kN·m 以内	台次	9726.11	4050.00	107.92	5568.19
2	塔式起重机 80kN·m 以内	台次	14524.62	6075.00	107.92	8341.70
3	塔式起重机 150kN·m 以内	台次	33384.73	18225.00	323.76	14835.97
4	塔式起重机 250kN·m 以内	台次	99817.34	54675.00	971.28	44171.06
5	塔式起重机 600kN·m 以内	台次	121053.86	60142.50	1618.80	59292.56
6	塔式起重机 1250kN·m 以内	台次	143180.62	66156.75	2266.32	74757.55
7	塔式起重机 1600kN·m 以内	台次	165745.06	72772.50	2750.88	90221.68
8	自升式塔式起重机	台次	23394.18	8100.00	392.16	14902.02
9	柴油打桩机	台次	7653.76	2700.00	123.80	4829.97
10	静力压桩机(液压) 900kN	台次	4570.36	1620.00	11.35	2939.01

序号	项 目	单位	基价(元)	费 用 组 成		
				人工费(元)	材料费(元)	机械费(元)
11	静力压桩机(液压) 1200kN	台次	6757.54	2430.00	15.13	4312.41
12	静力压桩机(液压) 1600kN	台次	8935.03	3240.00	18.91	5676.12
13	静力压桩机(液压) 2000kN	台次	11107.52	3564.00	22.69	7520.83
14	静力压桩机(液压) 3000kN	台次	14162.31	3920.25	26.47	10215.59
15	静力压桩机(液压) 4000kN	台次	17242.79	4312.50	30.25	12900.04
16	静力压桩机(液压) 8000kN	台次	21893.66	5175.00	34.03	16684.63
17	静力压桩机(液压) 10000kN	台次	26067.77	5700.00	37.81	20329.96
18	施工电梯 75m	台次	8413.92	3645.00	89.44	4679.48
19	施工电梯 100m	台次	10142.57	4860.00	89.44	5193.13
20	施工电梯 200m	台次	12471.94	6075.00	107.92	6289.02
21	潜水钻孔机	台次	3623.68	2025.00	38.80	1559.88
22	混凝土搅拌站	台次	13575.87	6075.00	0.00	7500.87

附表三、特大型机械场外运输费用表

| 序号 | 项 目 | 单位 | 基价(元) | 费 用 组 成 | | | | | |
				人工费(元)	材料费(元)	机械费(元)	架线费(元)	人、材、机、架线费合计(元)	回程费(元)
1	履带式挖掘机(液压)1m³以内	台次	5331.26	756.00	285.80	2908.21	315.00	4265.01	1066.25
2	履带式挖掘机(液压)1m³以外	台次	5924.56	756.00	330.10	3338.55	315.00	4739.65	1184.91
3	履带式推土机 90kW以内	台次	4374.65	405.00	312.42	2782.30	0.00	3499.72	874.93
4	履带式推土机 90kW以外	台次	5563.48	420.00	312.42	3403.36	315.00	4450.78	1112.70
5	履带式起重机 30t以内	台次	7909.36	810.00	320.80	4881.69	315.00	6327.49	1581.87
6	履带式起重机 50t以内	台次	11268.95	810.00	320.80	7569.36	315.00	9015.16	2253.79
7	履带式起重机 70t以内	台次	15250.26	810.00	320.80	10754.41	315.00	12200.21	3050.05
8	强夯机械	台次	11573.56	405.00	320.80	7226.03	315.00	8266.83	3306.73
9	柴油打桩机 5t以内	台次	13206.95	810.00	96.80	8211.74	315.00	9433.54	3773.41
10	柴油打桩机 5t以外	台次	15324.81	810.00	96.80	9724.49	315.00	10946.29	4378.52
11	压路机	台次	4535.33	337.50	269.72	2706.04	315.00	3628.26	907.07

序号	项　目	单位	基价(元)	费　用　组　成					
				人工费(元)	材料费(元)	机械费(元)	架线费(元)	人、材、机、架线费合计(元)	回程费(元)
12	静力压桩机(液压) 900kN	台次	18510.72	1620.00	96.80	11505.14	0.00	13221.94	5288.78
13	静力压桩机(液压) 1200kN	台次	21612.78	1620.00	96.80	13720.90	0.00	15437.70	6175.08
14	静力压桩机(液压) 1600kN	台次	27449.63	2430.00	96.80	17080.08	0.00	19606.88	7842.75
15	静力压桩机(液压) 2000kN	台次	27449.63	2430.00	96.80	17080.08	0.00	19606.88	7842.75
16	静力压桩机(液压) 3000kN	台次	31307.70	2970.00	96.80	19295.84	0.00	22362.64	8945.06
17	静力压桩机(液压) 4000kN	台次	33882.93	2970.00	96.80	21135.29	0.00	24202.09	9680.84
18	静力压桩机(液压) 8000kN	台次	41482.08	4050.00	158.60	25421.46	0.00	29630.06	11852.02
19	静力压桩机(液压) 10000kN	台次	41482.08	4050.00	158.60	25421.46	0.00	29630.06	11852.02
20	塔式起重机 60kN·m 以内	台次	12165.89	810.00	96.80	8510.91	315.00	9732.71	2433.18
21	塔式起重机 80kN·m 以内	台次	16183.86	1620.00	123.60	10888.49	315.00	12947.09	3236.77
22	塔式起重机 150kN·m 以内	台次	23319.85	2092.50	160.68	16087.70	315.00	18655.88	4663.97

序号	项目	单位	基价(元)	人工费(元)	材料费(元)	机械费(元)	架线费(元)	人、材、机、架线费合计(元)	回程费(元)
23	塔式起重机 250kN·m 以内	台次	35101.39	3375.00	259.56	24131.55	315.00	28081.11	7020.28
24	塔式起重机 600kN·m 以内	台次	41702.49	4200.00	363.80	28483.19	315.00	33361.99	8340.50
25	塔式起重机 1250kN·m 以内	台次	48240.81	6075.00	438.40	31764.25	315.00	38592.65	9648.16
26	塔式起重机 1600kN·m 以内	台次	53613.65	6817.50	548.00	35210.42	315.00	42890.92	10722.73
27	自升式塔式起重机	台次	29694.84	2700.00	199.90	20540.97	315.00	23755.87	5938.97
28	施工电梯 75m	台次	10400.49	675.00	83.02	7242.36	0.00	8000.38	2400.11
29	施工电梯 100m	台次	12609.92	945.00	107.74	8647.20	0.00	9699.94	2909.98
30	施工电梯 200m	台次	18290.42	1350.00	154.50	12565.05	0.00	14069.55	4220.87
31	混凝土搅拌站	台次	10508.51	1755.00	61.80	5689.28	0.00	7506.08	3002.43
32	潜水钻孔机	台次	4834.83	337.50	28.22	3502.14	0.00	3867.86	966.97
33	转盘钻孔机	台次	3706.05	337.50	28.22	2599.12	0.00	2964.84	741.21

附表四、材料预算价格取定表

序号	名　　　称	单位	价格(元)	序号	名　　　称	单位	价格(元)
1	汽油	kg	10.05	10	中(粗)砂	m^3	60.00
2	柴油	kg	8.70	11	碎石 40mm	m^3	55.00
3	煤	t	850.00	12	钢筋 φ10 以内	t	4200.00
4	电	kW·h	0.85	13	轨道 38kg/m	kg	5.10
5	水	t	4.00	14	枕木	m^3	2800.00
6	木材	kg	4.02	15	镀锌铁线 8 号	kg	5.36
7	风力	m^3	0.165	16	草袋	片	3.50
8	白灰	kg	0.25	17	螺栓	个	1.94
9	水泥	kg	0.36	18	橡胶板 2mm	m^2	34.13

第二章　施工机械台班费用基础数据

一、土石方及筑路机械

编 号	机 械 名 称	规格型号	预算价格（元）	残值率（%）	年工作台班	折旧年限	耐用总台班	大修理次数	一次大修费（元）	K值
JY0100010	松土机	0.5m 以内	248556.00	3	140	13	1875	2	44301.14	2.85
JY0100020	松土机	1m 以内	253579.70	3	140	13	1875	2	52063.44	2.85
JY0100030	除荆机	4m 以内	239085.00	3	140	13	1875	2	45702.99	2.88
JY0100040	除根机	1.5m 以内	232155.00	3	140	13	1875	2	44689.26	2.88
JY0100050	履带式推土机	50kW	69894.83	4	200	11	2250	2	11362.95	2.60
JY0100060	履带式推土机	55kW	71471.40	4	200	11	2250	2	12512.31	2.60
JY0100070	履带式推土机	60kW	73689.00	4	200	11	2250	2	13783.00	2.60
JY0100080	履带式推土机	75kW	210094.50	3	200	11	2250	2	39297.50	2.60
JY0100090	履带式推土机	90kW	299376.00	3	200	11	2250	2	55997.70	2.60
JY0100100	履带式推土机	105kW	313929.00	3	200	11	2250	2	58720.20	2.60
JY0100110	履带式推土机	135kW	448140.00	3	200	11	2250	2	83823.30	2.60
JY0100120	履带式推土机	165kW	661122.00	3	200	11	2250	2	123660.90	2.60
JY0100130	履带式推土机	240kW	961768.50	3	200	11	2250	2	179896.20	2.01
JY0100140	履带式推土机	320kW	1063986.00	3	200	11	2250	2	199016.40	1.85
JY0100150	湿地推土机	105kW	337837.50	3	200	11	2250	2	54633.70	2.46
JY0100160	湿地推土机	135kW	635134.50	3	200	11	2250	2	102710.30	2.46
JY0100170	湿地推土机	165kW	706860.00	3	200	11	2250	2	114309.80	2.46
JY0100180	轮胎式推土机	150kW	490875.00	3	200	11	2250	2	64892.34	3.50

编 号	机 械 名 称	规格型号	预算价格 （元）	残值率 （%）	年工作 台班	折旧 年限	耐用 总台班	大修理 次数	一次大修费 （元）	K 值
JY0100190	自行式铲运机（单引擎）	3m³	262762.50	4	160	12	1875	2	50175.35	2.68
JY0100200	自行式铲运机（单引擎）	4m³	385770.00	3	160	12	1875	2	52641.93	2.66
JY0100210	自行式铲运机（单引擎）	6m³	396742.50	3	160	12	1875	2	55519.64	2.68
JY0100220	自行式铲运机（单引擎）	7m³	400207.50	3	160	12	1875	2	61479.00	2.68
JY0100230	自行式铲运机（单引擎）	8m³	403672.50	3	160	12	1875	2	62011.40	2.68
JY0100240	自行式铲运机（单引擎）	10m³	410602.50	3	160	12	1875	2	63076.20	2.68
JY0100250	自行式铲运机（单引擎）	12m³	541579.50	3	160	12	1875	2	83197.40	2.68
JY0100260	自行式铲运机（双引擎）	12m³	729960.00	3	160	12	1875	2	172168.73	2.68
JY0100270	自行式铲运机（双引擎）	23m³	2023560.00	3	160	12	1875	2	247213.14	2.68
JY0100280	拖式铲运机	3m³	47355.00	4	160	12	1875	2	13530.00	3.29
JY0100290	拖式铲运机	7m³	161122.50	3	160	12	1875	2	46035.00	3.29
JY0100300	拖式铲运机	10m³	187110.00	3	160	12	1875	2	53460.00	3.29
JY0100310	拖式铲运机	12m³	220951.50	3	160	12	1875	2	63129.00	3.29
JY0100320	平地机	75kW	259875.00	3	200	11	2250	2	31636.75	3.45
JY0100330	平地机	90kW	256756.50	3	200	11	2250	2	39173.20	3.45
JY0100340	平地机	120kW	384615.00	3	200	11	2250	2	58681.70	3.45
JY0100350	平地机	132kW	431392.50	3	200	11	2250	2	65818.50	3.45
JY0100360	平地机	150kW	484407.00	3	200	11	2250	2	73906.80	3.45
JY0100370	平地机	180kW	571725.00	3	200	11	2250	2	87228.90	3.45
JY0100380	平地机	220kW	756525.00	3	200	11	2250	2	115424.10	3.45

编 号	机 械 名 称	规格型号	预算价格（元）	残值率（%）	年工作台班	折旧年限	耐用总台班	大修理次数	一次大修费（元）	K值
JY0100390	轮胎式装载机	0.5m³	11781.00	4	240	12	2814	2	17906.90	3.56
JY0100400	轮胎式装载机	1m³	147840.00	4	240	12	2814	2	22471.90	3.56
JY0100410	轮胎式装载机	1.5m³	219450.00	3	240	12	2814	2	33356.40	3.56
JY0100420	轮胎式装载机	2m³	294525.00	3	240	12	2814	2	44767.80	3.56
JY0100430	轮胎式装载机	2.5m³	311850.00	3	240	12	2814	2	47401.20	3.56
JY0100440	轮胎式装载机	3m³	398475.00	3	240	12	2814	2	60568.20	3.56
JY0100450	轮胎式装载机	3.5m³	439477.50	3	240	12	2814	2	66800.80	3.56
JY0100460	轮胎式装载机	5m³	513975.00	3	240	12	2814	2	78482.23	3.56
JY0100470	履带式拖拉机	55kW	61215.00	3	200	11	2250	2	8750.50	2.68
JY0100480	履带式拖拉机	60kW	64449.00	4	200	11	2250	2	13467.30	2.68
JY0100490	履带式拖拉机	75kW	161122.50	3	200	11	2250	2	33666.60	2.68
JY0100500	履带式拖拉机	90kW	271309.50	3	200	11	2250	2	56690.70	2.68
JY0100510	履带式拖拉机	105kW	300300.00	3	200	11	2250	2	62748.40	2.68
JY0100520	履带式拖拉机	120kW	347424.00	3	200	11	2250	2	72595.05	2.68
JY0100530	履带式拖拉机	135kW	394548.00	3	200	11	2250	2	82441.70	2.68
JY0100540	履带式拖拉机	165kW	522406.50	3	200	11	2250	2	109158.50	2.68
JY0100550	轮胎式拖拉机	21kW	22407.00	4	200	7	1440	2	6402.00	2.11
JY0100560	轮胎式拖拉机	41kW	39732.00	4	200	7	1440	2	11352.00	2.11
JY0100570	手扶式拖拉机	9kW	7912.30	4	200	7	1440	2	3037.33	2.11
JY0100580	履带式单斗挖掘机(液压)	0.6m³	288981.00	3	220	12	2625	2	50503.20	2.24

编号	机械名称	规格型号	预算价格（元）	残值率（%）	年工作台班	折旧年限	耐用总台班	大修理次数	一次大修费（元）	K值
JY0100590	履带式单斗挖掘机（液压）	0.8m³	582120.00	3	220	12	2625	2	101732.40	2.11
JY0100600	履带式单斗挖掘机（液压）	1m³	616770.00	3	220	12	2625	2	107787.90	2.11
JY0100610	履带式单斗挖掘机（液压）	1.25m³	652575.00	3	220	12	2625	2	114045.80	2.11
JY0100620	履带式单斗挖掘机（液压）	1.6m³	671055.00	3	220	12	2625	2	117275.40	2.11
JY0100630	履带式单斗挖掘机（液压）	2m³	727072.50	3	220	12	2625	2	127064.30	2.11
JY0100640	履带式单斗挖掘机（液压）	2.5m³	793485.00	3	200	12	2625	2	138671.50	2.11
JY0100650	履带式单斗挖掘机（机械）	1m³	493762.50	3	220	12	2625	2	86290.60	2.78
JY0100660	履带式单斗挖掘机（机械）	1.5m³	530145.00	3	220	12	2625	2	92649.70	2.78
JY0100670	轮斗挖掘机	0.05m³ 以内	65612.68	4	150	8	1200	2	11482.22	2.85
JY0100680	轮斗挖掘机	0.09m³ 以内	121772.88	4	150	8	1200	2	21310.26	2.85
JY0100690	轮胎式单斗液压挖掘机	0.2m³	131785.50	4	240	12	2814	2	32920.80	2.66
JY0100700	轮胎式单斗液压挖掘机	0.4m³	151305.00	3	240	12	2814	2	37797.10	2.66
JY0100710	轮胎式单斗液压挖掘机	0.6m³	175560.00	3	240	12	2814	2	43857.00	2.66
JY0100720	拖式羊角碾（单筒）	3t	11434.50	4	200	13	2500	2	2805.00	5.84
JY0100730	拖式羊角碾（双筒）	6t	20212.50	4	200	13	2500	2	4958.80	5.84
JY0100740	光轮压路机（内燃）	6t	117463.50	3	200	11	2250	2	17003.80	3.21
JY0100750	光轮压路机（内燃）	8t	122661.00	3	200	11	2250	2	17756.20	3.21
JY0100760	光轮压路机（内燃）	12t	162162.00	3	200	11	2250	2	23475.10	3.21
JY0100770	光轮压路机（内燃）	15t	178794.00	3	200	11	2250	2	25883.00	3.21
JY0100780	光轮压路机（内燃）	18t	193347.00	3	200	11	2250	2	27989.50	3.21

编 号	机 械 名 称	规格型号	预算价格 (元)	残值率 (%)	年工作 台班	折旧 年限	耐用 总台班	大修理 次数	一次大修费 (元)	K值
JY0100790	光轮压路机(内燃)	20t	203049.00	3	200	11	2250	2	29393.10	3.21
JY0100800	振动压路机	6t	143220.00	3	200	11	2100	2	27280.00	3.08
JY0100810	振动压路机	8t	175675.50	3	200	11	2100	2	33462.00	3.08
JY0100820	振动压路机	10t	200277.00	3	200	11	2100	2	38148.00	3.08
JY0100830	振动压路机	12t	222453.00	3	200	11	2100	2	42372.00	3.08
JY0100840	振动压路机	15t	270270.00	3	200	11	2100	2	51480.00	3.08
JY0100850	振动压路机	18t	328020.00	3	200	11	2100	2	62480.00	3.08
JY0100860	手扶振动压实机	1t	20905.50	4	150	8	1200	2	5306.40	3.86
JY0100870	轮胎压路机	9t	91014.00	3	200	11	2250	2	23100.00	3.99
JY0100880	轮胎压路机	12.9/30t	351945.00	3	200	11	2250	2	70389.00	3.99
JY0100890	双钢轮压路机	16t	868428.00	3	200	11	2250	2	173685.60	3.99
JY0100900	夯实机(电动)	20~62N·m	3234.00	4	120	6	760	2	804.10	4.64
JY0100910	夯实机(内燃)	265mm	3003.00	4	120	6	760	2	746.90	4.64
JY0100920	装岩机(气动)	0.12m³	34072.50	4	180	12	2100	2	6824.40	2.06
JY0100930	装岩机(电动)	0.2m³	41580.00	4	180	12	2100	2	8328.10	1.70
JY0100940	装岩机(电动)	0.4m³	48856.50	4	180	12	2100	2	9785.60	1.70
JY0100950	装岩机(电动)	0.6m³	62947.50	3	180	12	2100	2	12607.10	1.70
JY0100960	风动凿岩机	气腿式	3003.00	4	200	5	900	2	858.00	7.05
JY0100970	风动凿岩机	手持式	2541.00	4	200	5	900	2	726.00	7.05
JY0100980	内燃凿岩机	YN30A	3811.50	4	200	4	800	2	1089.00	7.20

编　号	机　械　名　称	规格型号	预算价格（元）	残值率（%）	年工作台班	折旧年限	耐用总台班	大修理次数	一次大修费（元）	K值
JY0100990	凿岩钻车	轮胎式	134673.00	4	180	12	2100	2	17636.30	1.87
JY0101000	凿岩钻车	履带式	214137.00	4	180	12	2100	2	28042.30	1.72
JY0101010	汽车式沥青喷洒机	4000L	119542.50	3	100	11	1125	2	21676.60	1.69
JY0101020	汽车式沥青喷洒机	7500L	218295.00	3	100	11	1125	2	39584.60	1.69
JY0101030	沥青混凝土摊铺机	4t	133056.00	3	150	12	1800	2	26459.40	1.97
JY0101040	沥青混凝土摊铺机	6t	202702.50	3	150	12	1800	2	40308.40	1.97
JY0101050	沥青混凝土摊铺机	8t	279625.50	3	150	12	1800	2	55605.00	1.97
JY0101060	沥青混凝土摊铺机	12t	296257.50	3	150	12	1800	2	58912.70	1.97
JY0101070	沥青混凝土摊铺机（带自动找平）	8t	972510.00	3	150	12	1800	2	87873.92	1.23
JY0101080	沥青混凝土摊铺机（带自动找平）	12t	1630860.00	3	150	12	1800	2	155312.99	1.23
JY0101090	沥青混凝土摊铺机（带自动找平）	9m	3795000.00	3	150	12	1800	2	379500.00	1.23
JY0101100	沥青搅拌站	320t/h	11424996.00	3	200	11	2250	2	1142499.60	1.23
JY0101110	强夯机械	1200kN·m	535573.50	3	200	10	2000	2	70185.50	2.27
JY0101120	强夯机械	2000kN·m	1143450.00	3	200	10	2000	2	149846.40	2.27
JY0101130	强夯机械	3000kN·m	1222452.00	3	200	10	2000	2	160199.60	2.27
JY0101131	强夯机械	4000kN·m	1512750.00	3	200	10	2000	2	198170.25	2.27
JY0101132	强夯机械	6000kN·m	2770125.00	3	200	10	2000	2	362886.38	2.27
JY0101140	钻头磨床	电动	18191.80	4	160	10	1600	2	1652.75	2.27
JY0101150	稳定土拌合机	90kW	207438.00	3	200	11	2250	2	37516.60	2.54
JY0101160	稳定土拌合机	105kW	243243.00	3	200	11	2250	2	43992.30	2.54

编 号	机 械 名 称	规格型号	预算价格 （元）	残值率 （%）	年工作 台班	折旧 年限	耐用 总台班	大修理 次数	一次大修费 （元）	K 值
JY0101170	稳定土拌合机	135kW	498498.00	3	200	11	2250	2	90157.10	2.54
JY0101180	颚式破碎机	250mm×400mm	36382.50	4	160	10	1600	2	3305.50	13.55
JY0101190	颚式破碎机	250mm×500mm	51975.00	4	160	10	1600	2	4722.30	13.55
JY0101200	颚式破碎机	400mm×600mm	68607.00	4	160	10	1600	2	6233.70	13.55
JY0101210	颚式破碎机	500mm×750mm	140332.50	4	160	10	1600	2	12750.10	13.55
JY0101220	颚式破碎机	600mm×900mm	176715.00	4	160	10	1600	2	16055.60	13.55
JY0101230	颚式破碎机（机动）	250mm×440mm	63409.50	4	160	10	1600	2	5760.70	13.55

二、打桩机械

编号	机 械 名 称	规格型号	预算价格 （元）	残值率 （%）	年工作 台班	折旧 年限	耐用 总台班	大修理 次数	一次大修费 （元）	K值
JY0200010	履带式柴油打桩机	2.5t	838761.00	3	230	12	2700	2	76686.50	1.95
JY0200020	履带式柴油打桩机	3.5t	1492260.00	3	230	12	2700	2	136435.20	1.95
JY0200030	履带式柴油打桩机	5t	3151764.00	3	230	12	2700	2	288161.50	1.95
JY0200040	履带式柴油打桩机	7t	3610183.50	3	230	12	2700	2	330073.70	1.88
JY0200050	履带式柴油打桩机	8t	3754674.00	3	230	12	2700	2	343284.70	1.88
JY0200060	轨道式柴油打桩机	0.8t	120120.00	4	230	12	2700	2	24401.30	2.26
JY0200070	轨道式柴油打桩机	1.2t	326980.50	3	230	12	2700	2	66423.50	2.26
JY0200080	轨道式柴油打桩机	1.8t	409216.50	3	230	12	2700	2	83129.20	2.26
JY0200090	轨道式柴油打桩机	2.5t	746823.00	3	230	12	2700	2	151712.00	2.26
JY0200100	轨道式柴油打桩机	3.5t	1082697.00	3	230	12	2700	2	219941.70	2.26
JY0200110	轨道式柴油打桩机	4t	1170015.00	3	230	12	2700	2	237680.30	2.26
JY0200120	轨道式柴油打桩机	5t 以内	1263616.20	3	230	12	2700	2	256694.72	2.26
JY0200130	轨道式柴油打桩机	7t 以内	1364705.50	3	230	12	2700	2	277230.31	2.26
JY0200140	导杆式柴油打桩机	1.5t	51051.00	3	230	7	1532	1	14880.99	4.35
JY0200150	蒸汽打桩机	2.5t 以内	100548.72	3	230	12	2700	2	13795.65	2.26
JY0200160	蒸汽打桩机	5t 以内	275836.53	3	230	12	2700	2	34793.55	2.26
JY0200170	蒸汽打桩机	7t 以内	291108.91	3	230	12	2700	2	37332.90	2.26
JY0200180	蒸汽打桩机	10t 以内	413621.41	3	230	12	2700	2	53106.90	2.26

编 号	机 械 名 称	规格型号	预算价格 （元）	残值率 （％）	年工作 台班	折旧 年限	耐用 总台班	大修理 次数	一次大修费 （元）	K值
JY0200190	重锤打桩机	0.5t 以内	41215.42	3	230	12	2700	2	5405.40	2.26
JY0200200	振动沉拔桩机	300kN	511434.00	3	180	10	1800	2	18801.20	5.49
JY0200210	振动沉拔桩机	400kN	649687.50	3	180	10	1800	2	23884.30	5.49
JY0200220	振动沉拔桩机	500kN	822244.50	3	180	10	1800	2	30226.90	5.49
JY0200230	振动沉拔桩机	600kN	976090.50	3	180	10	1800	2	35883.10	5.49
JY0200231	振动打桩锤	VMZ 2500E	187342.80	3	230	12	2700	2	24354.56	2.26
JY0200240	静力压桩机（蒸汽）	800kN	323235.36	3	180	11	2025	2	27242.33	3.67
JY0200250	静力压桩机（蒸汽）	1200kN	483241.91	3	180	11	2025	2	40874.63	3.67
JY0200260	静力压桩机（液压）	900kN	787941.00	3	180	11	2025	2	121718.30	3.67
JY0200270	静力压桩机（液压）	1200kN	1101870.00	3	180	11	2025	2	170212.90	3.67
JY0200280	静力压桩机（液压）	1600kN	1349271.00	3	180	11	2025	2	208430.20	4.11
JY0200290	静力压桩机（液压）	2000kN	1929312.00	3	180	11	2025	2	298032.90	4.11
JY0200300	静力压桩机（液压）	3000kN	2448022.50	3	180	11	2025	2	378161.30	4.11
JY0200310	静力压桩机（液压）	4000kN	2931390.00	3	180	11	2025	2	452830.40	4.11
JY0200320	静力压桩机（液压）	8000kN	3067020.00	3	180	11	2025	2	472321.08	4.11
JY0200330	静力压桩机（液压）	10000kN	3976280.00	3	180	11	2025	2	612347.12	4.11
JY0200340	履带式钻孔机		361757.61	3	200	11	2250	2	51777.00	2.75
JY0200350	汽车式钻孔机	400mm	224070.00	3	200	11	2250	2	26013.90	2.75
JY0200360	汽车式钻孔机	1000mm	336336.00	3	200	11	2250	2	39046.70	2.75
JY0200370	汽车式钻孔机	2000mm	443866.50	3	200	11	2250	2	51530.60	2.75

编　号	机　械　名　称	规格型号	预算价格（元）	残值率（%）	年工作台班	折旧年限	耐用总台班	大修理次数	一次大修费（元）	K值
JY0200380	潜水钻孔机	800mm	119542.50	3	200	11	2250	2	18124.70	2.69
JY0200390	潜水钻孔机	1250mm	161122.50	3	200	11	2250	2	24428.80	2.69
JY0200400	潜水钻孔机	1500mm	237583.50	3	200	11	2250	2	36021.70	2.69
JY0200401	潜水钻孔机	2500mm	543427.50	3	200	11	2250	2	81514.13	2.69
JY0200410	转盘钻孔机	500mm	213097.50	4	200	10	2000	2	21005.60	2.08
JY0200420	转盘钻孔机	800mm	315892.50	4	200	10	2000	2	31137.70	2.08
JY0200430	转盘钻孔机	1500mm	327442.50	3	200	10	2000	2	32276.20	2.08
JY0200440	长螺旋钻机	400mm	261030.00	4	200	10	2000	2	7657.10	6.27
JY0200450	长螺旋钻机	600mm	306652.50	4	200	10	2000	2	8994.70	6.27
JY0200460	长螺旋钻机	800mm	477130.50	4	200	10	2000	2	13995.30	6.27
JY0200470	旋挖钻机	200kN·m	3749999.99	3	200	10	2000	2	109875.00	6.27
JY0200480	旋挖钻机	280kN·m	5250000.03	3	200	10	2000	2	153825.00	6.27
JY0200490	短螺旋钻孔机	1200mm	990643.50	3	200	11	2250	2	121330.00	1.92
JY0200500	冲击成孔机	CZ－30	227304.00	4	200	11	2250	2	23076.90	2.00
JY0200510	锚杆钻孔机	DHR80A	2201199.00	4	200	11	2250	2	209638.00	1.79
JY0200520	钻运立三用机	GH30－IC	2198299.40	4	200	11	2250	2	61010.40	0.94

三、起重机械

编 号	机 械 名 称	规格型号	预算价格 （元）	残值率 （%）	年工作 台班	折旧 年限	耐用 总台班	大修理 次数	一次大修费 （元）	K值
JY0300010	履带式电动起重机	3t	110187.00	4	225	10	2250	2	5551.70	2.35
JY0300020	履带式电动起重机	5t	114345.00	4	225	10	2250	2	5760.70	2.35
JY0300030	履带式电动起重机	40t	1205820.00	3	225	10	2250	2	60750.80	2.35
JY0300040	履带式电动起重机	50t	1231807.50	3	225	10	2250	2	62059.80	2.35
JY0300050	履带式起重机	10t	334719.00	3	225	10	2250	2	63437.00	1.84
JY0300060	履带式起重机	15t	487525.50	3	225	10	2250	2	92397.80	1.84
JY0300070	履带式起重机	20t	502078.50	3	225	10	2250	2	95155.50	1.84
JY0300080	履带式起重机	25t	514552.50	3	225	10	2250	2	97531.50	1.84
JY0300090	履带式起重机	30t	696465.00	3	225	10	2250	2	131996.70	1.84
JY0300100	履带式起重机	40t	1164240.00	3	225	10	2250	2	220651.20	1.84
JY0300110	履带式起重机	50t	1239084.00	3	225	10	2250	2	234835.70	1.84
JY0300120	履带式起重机	60t	1680525.00	3	230	10	2250	2	404572.08	3.99
JY0300130	履带式起重机	70t	1899975.00	3	230	10	2250	2	428907.82	3.99
JY0300140	履带式起重机	90t	4227300.00	3	230	10	2250	2	479568.76	3.99
JY0300150	履带式起重机	100t	5024250.00	3	230	10	2250	2	537267.28	3.99
JY0300160	履带式起重机	140t	7646100.00	3	230	10	2250	2	652875.17	3.99
JY0300170	履带式起重机	150t	7715400.00	3	230	10	2250	2	680618.62	3.99
JY0300180	履带式起重机	200t	10579800.00	3	230	10	2250	2	861506.62	3.99

编 号	机 械 名 称	规格型号	预算价格（元）	残值率（%）	年工作台班	折旧年限	耐用总台班	大修理次数	一次大修费（元）	K值
JY0300190	履带式起重机	250t	9822962.60	3	230	10	2250	2	799589.15	3.99
JY0300200	履带式起重机	300t	17318068.90	3	230	10	2250	2	1440136.54	3.10
JY0300210	履带式起重机	400t	23305844.10	3	230	10	2250	2	3418967.33	3.10
JY0300220	履带式起重机	450t	30329603.70	3	230	10	2250	2	4449352.86	3.10
JY0300230	履带式起重机	600t	61449246.10	3	230	10	2250	2	9014604.40	3.10
JY0300240	履带式起重机	650t	34935032.00	3	230	10	2250	2	5124969.19	3.10
JY0300250	履带式起重机	750t	70023727.40	3	230	10	2250	2	10272480.81	3.10
JY0300260	履带式起重机	1250t	77215043.40	3	230	10	2250	2	11327446.87	3.10
JY0300270	轮胎式起重机	8t	277200.00	3	250	12	3000	2	35059.20	3.05
JY0300280	轮胎式起重机	16t	623700.00	3	250	12	3000	2	78883.20	3.05
JY0300290	轮胎式起重机	20t	713790.00	3	250	12	3000	2	90277.00	3.05
JY0300300	轮胎式起重机	25t	748440.00	3	250	12	3000	2	94659.40	3.05
JY0300310	轮胎式起重机	40t	970431.00	3	250	12	3000	2	122736.90	3.05
JY0300320	轮胎式起重机	50t	1215060.00	3	250	12	3000	2	253587.31	1.54
JY0300330	轮胎式起重机	60t	1859550.00	3	250	12	3000	2	304304.81	1.54
JY0300340	汽车式起重机	5t	165280.50	4	200	11	2250	2	39273.30	2.07
JY0300350	汽车式起重机	8t	223492.50	3	200	11	2250	2	53105.80	2.07
JY0300360	汽车式起重机	10t	295680.00	3	200	11	2250	2	58659.51	2.07
JY0300370	汽车式起重机	12t	337837.50	3	200	11	2250	2	80276.90	2.07
JY0300380	汽车式起重机	16t	446985.00	3	200	11	2250	2	106212.70	2.07

编 号	机 械 名 称	规格型号	预算价格（元）	残值率（%）	年工作台班	折旧年限	耐用总台班	大修理次数	一次大修费（元）	K值
JY0300390	汽车式起重机	20t	536382.00	3	200	11	2250	2	127454.80	2.07
JY0300400	汽车式起重机	25t	569646.00	3	200	11	2250	2	135358.30	2.07
JY0300410	汽车式起重机	32t	618502.50	3	200	11	2250	2	146967.70	2.07
JY0300420	汽车式起重机	40t	948024.00	3	200	11	2250	2	225269.00	2.07
JY0300430	汽车式起重机	50t	2442825.00	3	200	11	2250	2	580462.30	2.07
JY0300440	汽车式起重机	60t	3303300.00	3	200	11	2250	2	638840.62	2.07
JY0300450	汽车式起重机	70t	4331250.00	3	200	11	2250	2	677299.08	2.07
JY0300460	汽车式起重机	75t	4498725.00	3	200	11	2250	2	714656.05	2.07
JY0300470	汽车式起重机	80t	4793250.00	3	200	11	2250	2	756716.84	2.07
JY0300480	汽车式起重机	90t	5006925.00	3	200	11	2250	2	828240.95	2.07
JY0300490	汽车式起重机	100t	5486250.00	3	200	11	2250	2	894964.31	2.07
JY0300500	汽车式起重机	110t	7218750.00	3	200	11	2250	2	981828.58	2.07
JY0300510	汽车式起重机	120t	8870400.00	3	200	11	2250	2	1039210.13	2.07
JY0300520	汽车式起重机	125t	9380910.00	3	200	11	2250	2	1126239.84	2.07
JY0300530	汽车式起重机	136t	10683750.00	3	200	11	2250	2	1218560.64	2.07
JY0300540	汽车式起重机	150t	11508750.00	3	200	11	2250	2	1370033.90	2.07
JY0300550	龙门式起重机	5t	102448.50	4	230	12	2700	2	6010.40	2.72
JY0300560	龙门式起重机	10t	264495.00	4	230	12	2700	2	15516.60	2.72
JY0300570	龙门式起重机	20t	542619.00	3	230	12	2700	2	31834.00	1.38
JY0300580	龙门式起重机	30t	723492.00	3	230	12	2700	2	42444.60	1.38

编　号	机　械　名　称	规格型号	预算价格（元）	残值率（%）	年工作台班	折旧年限	耐用总台班	大修理次数	一次大修费（元）	K值
JY0300590	龙门式起重机	40t	930352.50	3	230	12	2700	2	54580.90	1.38
JY0300600	龙门式起重机	50t	1486485.00	3	230	12	2700	2	87206.90	1.38
JY0300610	门座吊	30t	1628550.00	3	200	12	2400	2	101940.11	0.94
JY0300620	门座吊	60t	2269575.00	3	200	12	2400	2	175988.57	0.94
JY0300630	叉式起重机	3t	114345.00	4	180	12	2100	2	16095.20	3.47
JY0300640	叉式起重机	5t	160083.00	4	180	12	2100	2	22533.50	3.47
JY0300650	叉式起重机	6t	165280.50	4	180	12	2100	2	23265.00	3.47
JY0300660	叉式起重机	10t	322245.00	3	180	12	2100	2	45359.60	5.10
JY0300670	塔式起重机	20kN·m	171517.50	4	250	14	3500	2	12578.50	3.94
JY0300680	塔式起重机	60kN·m	545737.50	3	250	14	3500	2	40021.30	3.94
JY0300690	塔式起重机	80kN·m	612265.50	3	250	14	3500	2	44899.80	3.94
JY0300700	塔式起重机	150kN·m	893508.00	3	250	14	3500	2	65523.70	3.94
JY0300710	塔式起重机	250kN·m	2102908.50	3	250	14	3500	2	154213.40	3.94
JY0300720	塔式起重机	400kN·m	2604525.00	3	250	14	3500	2	193239.60	3.94
JY0300730	塔式起重机	600kN·m	4250400.00	3	250	14	3500	2	229706.40	3.94
JY0300740	塔式起重机	900kN·m	4492950.00	3	250	14	3500	2	259527.40	3.94
JY0300750	塔式起重机	1250kN·m	6993525.00	3	250	14	3500	2	396335.50	3.94
JY0300760	塔式起重机	1500kN·m	9000000.00	3	250	14	3500	2	510300.00	3.94
JY0300770	塔式起重机	1600kN·m	10000000.00	3	250	14	3500	2	566999.99	3.94
JY0300780	自升式塔式起重机	1000kN·m	854469.00	3	250	14	3500	2	86505.10	2.10

编　号	机　械　名　称	规格型号	预算价格 （元）	残值率 （％）	年工作 台班	折旧 年限	耐用 总台班	大修理 次数	一次大修费 （元）	K值
JY0300790	自升式塔式起重机	1250kN·m	867982.50	3	250	14	3500	2	87872.40	2.10
JY0300800	自升式塔式起重机	1500kN·m	1024947.00	3	250	14	3500	2	103764.10	2.10
JY0300810	自升式塔式起重机	2000kN·m	1164240.00	3	250	14	3500	2	117865.00	2.10
JY0300820	自升式塔式起重机	2500kN·m	1397605.00	3	250	14	3500	2	141485.30	2.10
JY0300830	自升式塔式起重机	3000kN·m	1647607.50	3	250	14	3500	2	166800.70	2.10
JY0300840	自升式塔式起重机	4500kN·m	2275119.00	3	250	14	3500	2	230329.00	2.10
JY0300850	电动单梁式起重机	5t	114345.00	4	240	10	2400	2	25177.90	2.17
JY0300860	电动单梁式起重机	10t	211596.00	4	240	10	2400	2	46591.60	2.17
JY0300870	桅杆式起重机	5t	110187.00	4	200	14	2700	2	5887.20	4.20
JY0300880	桅杆式起重机	10t	138253.50	4	200	14	2700	2	7386.50	4.20
JY0300890	桅杆式起重机	15t	183991.50	4	200	14	2700	2	9830.70	4.20
JY0300900	桅杆式起重机	40t	229729.50	3	200	14	2700	2	12273.80	4.20
JY0300910	平台吊	0.75t	14437.50	4	200	10	2000	2	791.36	8.14
JY0300920	少先吊	1t	10279.50	4	200	10	2000	2	678.70	8.14

四、水平运输机械

编 号	机 械 名 称	规格型号	预算价格（元）	残值率（%）	年工作台班	折旧年限	耐用总台班	大修理次数	一次大修费（元）	K值
JY0400010	载货汽车	2t	47568.40	2	240	8	1900	2	9142.10	5.61
JY0400020	载货汽车	2.5t	50697.90	2	240	8	1900	2	9742.70	5.61
JY0400030	载货汽车	3t	52575.60	2	240	8	1900	2	10103.50	5.61
JY0400040	载货汽车	4t	58583.80	2	240	8	1900	2	11258.50	5.61
JY0400050	载货汽车	5t	67096.70	2	240	8	1900	2	12894.20	5.61
JY0400060	载货汽车	6t	80615.70	2	240	8	1900	2	15492.40	5.61
JY0400070	载货汽车	8t	129561.30	2	240	8	1900	2	24898.50	3.93
JY0400080	载货汽车	10t	156600.40	2	240	8	1900	2	30094.90	3.93
JY0400090	载货汽车	12t	248982.80	2	240	8	1900	2	47848.90	3.93
JY0400100	载货汽车	15t	294047.60	2	240	8	1900	2	56510.30	3.93
JY0400110	载货汽车	18t	317957.20	2	240	8	1900	2	61105.00	3.93
JY0400120	载货汽车	20t	350504.00	2	240	8	1900	2	67359.60	3.93
JY0400130	自卸汽车	2t	63716.40	2	220	8	1650	2	9994.60	4.44
JY0400140	自卸汽车	5t	97515.00	2	220	8	1650	2	15295.50	4.44
JY0400150	自卸汽车	6t	158062.30	2	220	8	1650	2	28835.96	4.44
JY0400160	自卸汽车	8t	202791.60	2	220	8	1650	2	31808.70	3.34
JY0400170	自卸汽车	10t	247856.40	2	220	8	1650	2	38877.30	3.34
JY0400180	自卸汽车	12t	282906.80	2	220	8	1650	2	44375.10	3.34

编 号	机 械 名 称	规格型号	预算价格 （元）	残值率 （％）	年工作 台班	折旧 年限	耐用 总台班	大修理 次数	一次大修费 （元）	K值
JY0400190	自卸汽车	15t	315453.60	2	220	8	1650	2	49480.20	3.34
JY0400200	自卸汽车	18t	368029.20	2	220	8	1650	2	57726.90	3.34
JY0400210	自卸汽车	20t	428115.60	2	220	8	1650	2	67151.70	3.34
JY0400220	平板拖车组	8t	128309.50	2	175	9	1500	2	34731.69	2.68
JY0400230	平板拖车组	10t	152749.30	2	175	9	1500	2	40560.51	2.68
JY0400240	平板拖车组	15t	208424.70	2	175	9	1500	2	28260.10	4.73
JY0400250	平板拖车组	20t	337986.00	2	175	9	1500	2	45827.10	4.73
JY0400260	平板拖车组	25t	464887.50	2	175	9	1500	2	74023.95	4.73
JY0400270	平板拖车组	30t	461914.20	2	175	9	1500	2	62630.70	4.73
JY0400280	平板拖车组	40t	621893.80	2	175	9	1500	2	84321.60	4.73
JY0400290	平板拖车组	50t	659072.70	2	175	9	1500	2	89362.90	4.73
JY0400300	平板拖车组	60t	709770.60	2	175	9	1500	2	96236.80	4.73
JY0400310	平板拖车组	80t	1461075.00	2	175	9	1500	2	130844.10	4.73
JY0400320	平板拖车组	100t	1660312.50	2	175	9	1500	2	132982.00	6.35
JY0400330	平板拖车组	150t	2364285.00	2	175	9	1500	2	174393.47	6.35
JY0400340	管子拖车	24t	644201.80	2	220	8	1650	2	80627.57	4.04
JY0400350	管子拖车	27t	870004.30	2	220	8	1650	2	105150.10	4.04
JY0400360	管子拖车	35t	1021424.80	2	220	8	1650	2	72.60	4.04
JY0400370	长材运输车	9t	195155.40	2	185	8	1500	2	16308.60	5.77
JY0400380	长材运输车	12t	281154.50	2	185	8	1500	2	23494.90	5.77

编 号	机 械 名 称	规格型号	预算价格（元）	残值率（%）	年工作台班	折旧年限	耐用总台班	大修理次数	一次大修费（元）	K值
JY0400390	长材运输车	15t	340864.70	2	185	8	1500	2	28485.60	5.77
JY0400391	泥浆运输车	4000L	126316.74	2	240	6	1500	2	22737.01	5.12
JY0400400	壁板运输车	8t	210527.90	2	240	6	1500	2	36013.15	5.12
JY0400410	壁板运输车	15t	544582.50	2	240	6	1500	2	27414.45	5.12
JY0400420	自装自卸汽车	6t	139466.80	2	185	8	1500	2	30114.39	4.27
JY0400430	自装自卸汽车	8t	193924.50	2	185	8	1500	2	31689.32	4.27
JY0400440	机动翻斗车	1t	22281.60	2	250	6	1500	2	5321.80	3.93
JY0400450	机动翻斗车	1.5t	25661.90	2	250	6	1500	2	6129.20	3.93
JY0400460	油罐车	5000L	113788.40	2	240	8	1900	2	18218.20	5.09
JY0400470	油罐车	8000L	152093.70	2	240	8	1900	2	24350.70	5.09
JY0400480	洒水车	4000L	129060.80	2	240	8	1900	2	27105.10	4.29
JY0400490	洒水车	8000L	144833.70	2	240	8	1900	2	30417.20	4.29
JY0400500	轨道拖斗车	30kW 以内	1056523.14	2	150	8	1200	2	5999.40	2.10
JY0400510	轨道平车	5t	13548.70	2	150	8	1200	2	1567.50	2.10
JY0400520	轨道平车	10t	60036.90	2	150	8	1200	2	2090.00	2.10

五、垂直运输机械

编　号	机　械　名　称	规格型号	预算价格（元）	残值率（%）	年工作台班	折旧年限	耐用总台班	大修理次数	一次大修费（元）	K值
JY0500010	电动卷扬机(单筒快速)	5kN	3003.00	4	210	10	2100	2	858.00	2.67
JY0500020	电动卷扬机(单筒快速)	10kN	4504.50	4	210	10	2100	2	1287.00	2.67
JY0500030	电动卷扬机(单筒快速)	15kN	5428.50	4	210	10	2100	2	1551.00	2.67
JY0500040	电动卷扬机(单筒快速)	20kN	8893.50	4	210	10	2100	2	2541.00	2.67
JY0500050	电动卷扬机(双筒快速)	10kN	7045.50	4	210	10	2100	2	812.90	2.67
JY0500060	电动卷扬机(双筒快速)	30kN	24255.00	4	210	10	2100	2	2799.50	2.67
JY0500070	电动卷扬机(双筒快速)	50kN	38808.00	4	210	10	2100	2	4479.20	2.67
JY0500080	电动卷扬机(单筒慢速)	10kN	10395.00	4	210	10	2100	2	1547.70	2.67
JY0500090	电动卷扬机(单筒慢速)	30kN	14784.00	4	210	10	2100	2	2201.10	2.67
JY0500100	电动卷扬机(单筒慢速)	50kN	19750.50	4	210	10	2100	2	2940.30	2.67
JY0500110	电动卷扬机(单筒慢速)	80kN	42504.00	4	210	10	2100	2	6327.20	2.67
JY0500120	电动卷扬机(单筒慢速)	100kN	63525.00	4	210	10	2100	2	9456.70	2.67
JY0500130	电动卷扬机(单筒慢速)	200kN	133980.00	4	210	10	2100	2	19944.10	2.67
JY0500140	电动卷扬机(单筒慢速)	300kN	358050.00	4	210	10	2100	2	34100.00	2.67
JY0500150	电动卷扬机(双筒慢速)	30kN	22984.50	4	210	10	2100	2	2285.80	2.79
JY0500160	电动卷扬机(双筒慢速)	50kN	37537.50	4	210	10	2100	2	3732.30	2.79
JY0500170	电动卷扬机(双筒慢速)	80kN	54631.50	4	210	10	2100	2	5431.80	7.44
JY0500180	电动卷扬机(双筒慢速)	100kN	75190.50	4	210	10	2100	2	7475.60	7.44

编　号	机　械　名　称	规格型号	预算价格（元）	残值率（%）	年工作台班	折旧年限	耐用总台班	大修理次数	一次大修费（元）	K值
JY0500190	卷扬机带塔	$3 \sim 5t(H=40m)$	51397.50	4	210	10	2100	2	8602.00	2.79
JY0500200	皮带运输机	$10m \times 0.5m$	27027.00	4	150	10	1500	2	4533.10	3.51
JY0500210	皮带运输机	$15m \times 0.5m$	39501.00	4	150	10	1500	2	6625.30	3.51
JY0500220	皮带运输机	$20m \times 0.5m$	44352.00	4	150	10	1500	2	7438.20	3.51
JY0500230	皮带运输机	$30m \times 0.5m$	46315.50	4	150	10	1500	2	7768.20	3.51
JY0500240	单笼施工电梯	75m	244282.50	4	240	12	2850	2	33059.40	2.00
JY0500250	单笼施工电梯	100m	268191.00	4	240	12	2850	2	36295.60	2.00
JY0500260	单笼施工电梯	130m	299376.00	4	240	12	2850	2	40515.20	2.00
JY0500270	双笼施工电梯	100m	334719.00	4	240	12	2850	2	45299.10	2.00
JY0500280	双笼施工电梯	200m	365904.00	3	240	12	2850	2	49518.70	2.00
JY0500290	电动葫芦（单速）	2t	9240.00	4	100	8	800	2	1984.40	3.30
JY0500300	电动葫芦（单速）	3t	10048.50	4	100	8	800	2	2158.20	3.30
JY0500310	电动葫芦（单速）	5t	11319.00	4	100	8	800	2	2431.00	3.30
JY0500320	电动葫芦（双速）	10t	30376.50	4	100	8	800	2	6524.10	2.62
JY0500330	电动葫芦（双速）	20t	48163.50	4	100	8	800	2	10343.30	2.62
JY0500340	电动葫芦（双速）	30t	55902.00	4	100	8	800	2	12005.40	2.62

六、混凝土及砂浆机械

编　号	机　械　名　称	规格型号	预算价格（元）	残值率（%）	年工作台班	折旧年限	耐用总台班	大修理次数	一次大修费（元）	K值
JY0600010	滚筒式混凝土搅拌机（电动）	250L	25410.00	4	180	10	1750	2	5843.82	2.50
JY0600020	滚筒式混凝土搅拌机（电动）	400L	45622.50	4	180	10	1750	2	7292.76	1.95
JY0600030	滚筒式混凝土搅拌机（电动）	500L	57519.00	4	180	10	1750	2	8522.81	1.95
JY0600040	滚筒式混凝土搅拌机（电动）	600L以内	67674.18	4	180	10	1750	2	4947.25	1.95
JY0600050	滚筒式混凝土搅拌机（电动）	800L以内	86909.59	4	180	10	1750	2	6737.50	1.95
JY0600060	滚筒式混凝土搅拌机（内燃）	250L	12589.50	4	180	10	1750	2	7222.25	2.50
JY0600070	滚筒式混凝土搅拌机（内燃）	500L	59043.60	4	180	10	1750	2	11043.00	1.95
JY0600080	混凝土搅拌机（机动）	250L以内	22183.47	4	180	10	1750	2	4090.63	2.50
JY0600090	混凝土搅拌机（机动）	400L以内	38062.17	4	180	10	1750	2	6025.25	1.95
JY0600100	强制反转式混凝土搅拌机	250L以内	26211.53	4	180	10	1750	2	2589.13	2.50
JY0600110	强制反转式混凝土搅拌机	400L以内	38631.35	4	180	10	1750	2	3763.38	1.95
JY0600120	强制反转式混凝土搅拌机	600L以内	60683.47	4	180	10	1750	2	4543.00	1.95
JY0600130	强制反转式混凝土搅拌机	800L以内	90996.02	4	180	10	1750	2	7064.75	1.95
JY0600140	强制反转式混凝土搅拌机	1000L以内	107575.25	3	180	10	1750	2	7979.13	1.84
JY0600150	强制反转式混凝土搅拌机	1500L以内	110990.33	3	180	10	1750	2	10510.50	1.84
JY0600160	涡浆式混凝土搅拌机	250L	29683.50	4	180	10	1750	2	6123.70	2.38
JY0600170	涡浆式混凝土搅拌机	350L	42735.00	4	180	10	1750	2	8815.40	2.38
JY0600180	涡浆式混凝土搅拌机	500L	74382.00	4	180	10	1750	2	15343.90	2.38

编号	机械名称	规格型号	预算价格（元）	残值率（%）	年工作台班	折旧年限	耐用总台班	大修理次数	一次大修费（元）	K值
JY0600190	涡浆式混凝土搅拌机	1000L	150727.50	4	180	10	1750	2	31092.60	2.38
JY0600200	双锥反转出料混凝土搅拌机	200L	14091.00	4	180	10	1750	2	2907.30	2.64
JY0600210	双锥反转出料混凝土搅拌机	350L	22407.00	4	180	10	1750	2	4622.20	2.64
JY0600220	双锥反转出料混凝土搅拌机	500L	45738.00	4	180	10	1750	2	9434.70	1.65
JY0600230	双锥反转出料混凝土搅拌机	750L	54054.00	4	180	10	1750	2	11150.70	1.65
JY0600240	单卧轴式混凝土搅拌机	150L	16863.00	4	180	10	1750	2	3478.20	4.04
JY0600250	单卧轴式混凝土搅拌机	250L	29683.50	4	180	10	1750	2	6123.70	4.04
JY0600260	单卧轴式混凝土搅拌机	350L	33264.00	4	180	10	1750	2	6861.80	4.04
JY0600270	双卧轴式混凝土搅拌机	350L	38461.50	4	180	10	1750	2	7934.30	4.74
JY0600280	双卧轴式混凝土搅拌机	400L	57172.50	4	180	10	1750	2	10540.61	4.74
JY0600290	双卧轴式混凝土搅拌机	500L	56133.00	4	180	10	1750	2	11579.70	4.74
JY0600300	双卧轴式混凝土搅拌机	800L	122430.00	4	180	10	1750	2	21202.12	2.86
JY0600310	双卧轴式混凝土搅拌机	1000L	155925.00	4	180	10	1750	2	32165.10	2.86
JY0600320	双卧轴式混凝土搅拌机	1500L	199584.00	4	180	10	1750	2	41170.80	2.86
JY0600330	泡沫混凝土搅拌机	500L	13282.50	4	180	10	1750	2	3135.00	2.50
JY0600340	灰浆搅拌机	200L	5775.00	4	180	10	1750	2	844.80	4.00
JY0600350	灰浆搅拌机	400L	7161.00	4	180	10	1750	2	1588.40	4.00
JY0600360	散装水泥车	4t	79695.00	2	200	9	1875	2	18332.79	3.13
JY0600370	散装水泥车	7t	162162.00	2	200	9	1875	2	19135.60	3.13
JY0600380	散装水泥车	10t	317047.50	2	200	9	1875	2	37412.10	3.13

编　号	机　械　名　称	规格型号	预算价格 （元）	残值率 （％）	年工作 台班	折旧 年限	耐用 总台班	大修理 次数	一次大修费 （元）	K值
JY0600390	散装水泥车	15t	369600.00	2	200	9	1875	2	43612.80	3.13
JY0600400	散装水泥车	20t	519750.00	2	200	9	1875	2	61330.50	3.13
JY0600410	散装水泥车	26t	889812.00	2	200	9	1875	2	104998.30	3.13
JY0600420	混凝土搅拌输送车	3m³	306600.00	2	200	8	1600	2	91350.80	4.12
JY0600430	混凝土搅拌输送车	4m³	341145.00	2	200	8	1600	2	83824.00	4.12
JY0600440	混凝土搅拌输送车	5m³	417690.00	2	200	8	1600	2	102632.00	4.12
JY0600450	混凝土搅拌输送车	6m³	675675.00	2	200	8	1600	2	150930.00	4.12
JY0600460	混凝土搅拌输送车	7m³	652995.00	2	200	8	1600	2	160450.00	4.12
JY0600470	混凝土输送泵车	20m³/h	645529.50	2	200	8	1600	2	83919.00	2.73
JY0600480	混凝土输送泵车	30m³/h	596255.00	2	200	8	1600	2	77306.42	2.73
JY0600490	混凝土输送泵车	45m³/h	764032.50	2	200	8	1600	2	99324.50	2.73
JY0600500	混凝土输送泵车	60m³/h	848925.00	2	200	8	1600	2	130581.47	2.73
JY0600510	混凝土输送泵车	70m³/h	831600.00	2	200	8	1600	2	108108.00	2.73
JY0600520	混凝土输送泵车	75m³/h	992722.50	2	200	8	1600	2	129054.20	2.73
JY0600530	混凝土输送泵车	85m³/h	1381495.50	2	200	8	1600	2	179594.80	2.73
JY0600540	混凝土输送泵车	90m³/h	2577960.00	2	200	8	1600	2	335134.80	1.92
JY0600550	混凝土输送泵车	100m³/h	3407250.00	2	200	8	1600	2	442942.50	1.92
JY0600560	混凝土输送泵	8m³/h	145530.00	4	200	5	1000	2	39293.10	2.23
JY0600570	混凝土输送泵	10m³/h	161700.00	4	200	5	1000	2	24292.36	2.23
JY0600580	混凝土输送泵	15m³/h	164010.00	4	200	5	1000	2	44282.70	2.23

编号	机　械　名　称	规格型号	预算价格（元）	残值率（%）	年工作台班	折旧年限	耐用总台班	大修理次数	一次大修费（元）	K值
JY0600590	混凝土输送泵	20m³/h	226380.00	4	200	5	1000	2	41611.65	2.23
JY0600600	混凝土输送泵	30m³/h	249480.00	3	200	5	1000	2	67359.60	2.23
JY0600610	混凝土输送泵	45m³/h	446985.00	3	200	5	1000	2	120686.50	1.39
JY0600620	混凝土输送泵	60m³/h	478170.00	3	200	5	1000	2	129105.90	1.39
JY0600630	混凝土输送泵	80m³/h	810810.00	3	200	5	1000	2	218918.70	1.39
JY0600640	挤压式灰浆输送泵	3m³/h	14437.50	4	200	5	1000	2	2563.00	4.80
JY0600650	挤压式灰浆输送泵	4m³/h	19288.50	4	200	5	1000	2	3424.30	4.80
JY0600660	挤压式灰浆输送泵	5m³/h	21021.00	4	200	5	1000	2	3731.20	4.80
JY0600670	灰气联合泵	3.5m³/h 以内	10209.28	4	200	5	1000	2	1644.50	4.80
JY0600680	黑色粒料拌合机		165940.46	4	200	5	1000	2	11055.00	4.80
JY0600690	混凝土喷射机	5m³/h	33841.50	4	200	5	1000	2	4398.90	4.07
JY0600700	筛砂石子机	10m³/h	11434.50	4	130	10	1250	2	2508.00	2.53
JY0600710	混凝土振动台	1.5m×6m	33033.00	4	130	10	1250	2	3435.30	5.53
JY0600720	混凝土振动台	2.4m×6.2m	62947.50	4	130	10	1250	2	6546.10	5.53
JY0600730	偏心振动筛	12～16m³/h	9586.50	4	180	10	1750	2	2739.00	2.60
JY0600740	混凝土振捣器	平板式 BL11	3663.19	4	180	10	1750	2	1414.88	2.66
JY0600750	混凝土振捣器	插入式	3692.38	4	180	10	1750	2	1020.25	2.66
JY0600760	混凝土搅拌站	15m³/h	275467.50	3	180	10	1750	2	56483.90	2.66
JY0600770	混凝土搅拌站	25m³/h	369022.50	3	180	10	1750	2	75666.80	2.66
JY0600780	混凝土搅拌站	45m³/h	545737.50	3	180	10	1750	2	111901.90	2.66

编　号	机　械　名　称	规格型号	预算价格（元）	残值率（%）	年工作台班	折旧年限	耐用总台班	大修理次数	一次大修费（元）	K值
JY0600790	混凝土搅拌站	50m³/h	618502.50	3	180	10	1750	2	126822.30	2.66
JY0600800	混凝土搅拌站	60m³/h	1195425.00	3	180	10	1750	2	245119.60	2.66
JY0600810	喷浆机	70L 以内	4013.46	4	180	10	1750	2	2059.75	2.66

七、加工机械

编 号	机 械 名 称	规格型号	预算价格（元）	残值率（%）	年工作台班	折旧年限	耐用总台班	大修理次数	一次大修费（元）	K值
JY0700010	钢筋调直机	ϕ40mm	13860.00	4	100	10	1000	2	2360.60	2.66
JY0700020	钢筋切断机	ϕ40mm	7161.00	4	100	10	1000	2	1219.90	4.44
JY0700030	钢筋弯曲机	ϕ40mm	5197.50	4	100	10	1000	2	885.50	5.11
JY0700040	钢筋墩头机	ϕ5mm	7507.50	4	100	10	1000	2	1278.20	4.08
JY0700050	预应力钢筋拉伸机	600kN	10741.50	4	100	10	1000	2	1354.10	3.64
JY0700060	预应力钢筋拉伸机	650kN	11434.50	4	100	10	1000	2	1442.10	3.64
JY0700070	预应力钢筋拉伸机	850kN	14091.00	4	100	10	1000	2	1776.50	3.64
JY0700080	预应力钢筋拉伸机	900kN	18711.00	4	100	10	1000	2	2359.50	3.64
JY0700090	预应力钢筋拉伸机	1200kN	25987.50	4	100	10	1000	2	3276.90	3.64
JY0700100	预应力钢筋拉伸机	3000kN	32802.00	4	100	10	1000	2	4136.00	3.64
JY0700110	预应力钢筋拉伸机	5000kN	95172.00	4	100	10	1000	2	12001.00	3.64
JY0700120	木工圆锯机	ϕ500mm	4158.00	4	150	9	1300	2	650.10	2.15
JY0700130	木工圆锯机	ϕ600mm	6583.50	4	150	9	1300	2	1029.60	2.15
JY0700140	木工圆锯机	ϕ1000mm	9355.50	4	150	9	1300	2	1463.00	2.15
JY0700150	木工台式带锯机	ϕ1250mm	32455.50	4	220	9	2000	2	9273.00	2.25
JY0700160	木工平刨床	300mm	4389.00	4	180	10	1750	2	822.80	3.86
JY0700170	木工平刨床	450mm	14784.00	4	180	10	1750	2	2770.90	3.86
JY0700180	木工压刨床	单面600mm	13513.50	4	180	10	1750	2	3300.00	2.72

编 号	机 械 名 称	规格型号	预算价格（元）	残值率（%）	年工作台班	折旧年限	耐用总台班	大修理次数	一次大修费（元）	K值
JY0700190	木工压刨床	双面600mm	19519.50	4	180	10	1750	2	4766.30	2.72
JY0700200	木工压刨床	三面400mm	40540.50	4	180	10	1750	2	9900.00	2.24
JY0700210	木工压刨床	四面300mm	53014.50	4	180	10	1750	2	12945.90	2.24
JY0700220	木工开榫机	160mm	42157.50	4	200	9	1750	2	6404.20	3.03
JY0700230	木工打眼机	$\phi 50mm$	6583.50	4	200	9	1750	2	1546.60	4.36
JY0700240	木工裁口机	多面400mm	10510.50	4	180	10	1750	2	2469.50	2.99
JY0700250	木工榫槽机	100mm	6583.50	4	200	9	1750	2	1546.60	4.28
JY0700260	普通车床	400mm×1000mm	58443.00	4	200	14	2800	2	7191.80	1.05
JY0700270	普通车床	400mm×2000mm	62370.00	4	200	14	2800	2	7674.70	1.05
JY0700280	普通车床	630mm×1400mm	93555.00	4	200	14	2800	2	11511.50	1.05
JY0700290	普通车床	630mm×2000mm	98752.50	4	200	14	2800	2	12151.70	1.05
JY0700300	普通车床	660mm×2000mm	112843.50	4	200	14	2800	2	13885.30	1.05
JY0700310	普通车床	1000mm×5000mm	229267.50	4	200	14	2800	2	22816.55	1.05
JY0700320	管车床		27951.00	4	200	14	2800	2	5193.10	1.05
JY0700330	磨床	M1320E	65488.50	4	150	14	2100	2	12168.20	0.72
JY0700340	龙门刨床	1000mm×3000mm	236775.00	4	150	14	2100	2	9945.10	0.57
JY0700350	龙门刨床	1000mm×4000mm	271425.00	4	150	14	2100	2	11400.40	0.57
JY0700360	龙门刨床	1000mm×6000mm	295680.00	4	150	14	2100	2	12419.00	0.57
JY0700370	牛头刨床	650mm	16285.50	4	175	14	2440	2	3026.10	0.67
JY0700380	立式铣床	320mm×1250mm	95865.00	4	175	14	2440	2	7258.90	0.79

编号	机械名称	规格型号	预算价格（元）	残值率（%）	年工作台班	折旧年限	耐用总台班	大修理次数	一次大修费（元）	K值
JY0700390	立式铣床	400mm×1250mm	149572.50	4	175	14	2440	2	11324.50	0.79
JY0700400	卧式铣床	400mm×1250mm	106669.86	4	175	14	2440	2	10360.24	0.79
JY0700410	卧式铣床	400mm×1600mm	100138.50	4	175	14	2440	2	7582.30	0.79
JY0700420	立式钻床	ϕ25mm	9124.50	4	175	14	2440	2	1383.80	0.91
JY0700430	立式钻床	ϕ35mm	13167.00	4	175	14	2440	2	1996.50	0.91
JY0700440	立式钻床	ϕ50mm	40309.50	4	175	14	2440	2	6111.60	0.91
JY0700450	台式钻床	ϕ16mm	2656.50	4	175	14	2440	2	402.60	1.86
JY0700460	台式钻床	ϕ25mm	4042.50	4	175	14	2440	2	612.70	1.86
JY0700470	台式钻床	ϕ35mm	7507.50	4	175	14	2440	2	1138.50	1.86
JY0700480	摇臂钻床	ϕ25mm	20328.00	4	175	14	2440	2	3569.50	0.55
JY0700490	摇臂钻床	ϕ50mm	51513.00	4	175	14	2440	2	9046.40	0.55
JY0700500	摇臂钻床	ϕ63mm	65719.50	4	175	14	2440	2	11541.20	0.55
JY0700510	剪板机	6.3mm×2000mm	62370.00	4	175	14	2440	2	2667.50	0.53
JY0700520	剪板机	10mm×2500mm	121404.83	4	175	14	2440	2	5196.13	0.53
JY0700530	剪板机	13mm×2500mm	110880.00	4	175	14	2440	2	4741.00	0.53
JY0700540	剪板机	16mm×2500mm	127050.00	4	175	14	2440	2	5432.90	0.53
JY0700550	剪板机	20mm×2000mm	243705.00	4	175	14	2440	2	11280.13	0.53
JY0700560	剪板机	20mm×2500mm	228690.00	4	175	14	2440	2	9779.00	0.53
JY0700570	剪板机	20mm×4000mm	446985.00	4	175	14	2440	2	19113.60	0.53
JY0700580	剪板机	32mm×4000mm	706860.00	3	175	14	2440	2	30226.90	0.53

编　号	机　械　名　称	规格型号	预算价格（元）	残值率（%）	年工作台班	折旧年限	耐用总台班	大修理次数	一次大修费（元）	K值
JY0700590	剪板机	40mm×3100mm	896049.00	3	175	14	2440	2	38316.30	0.53
JY0700600	型钢剪断机	500mm	129937.50	4	175	14	2440	2	6323.90	0.97
JY0700610	钢材电动煨弯机	φ500~1800mm	123700.50	4	140	14	1875	2	6020.30	0.69
JY0700620	弯管机	WC27－108 φ108	60291.00	4	130	12	1500	2	2933.70	1.16
JY0700630	弯管机(带胎芯空压机)	PB16－30	1139985.00	3	130	12	1500	2	129318.49	2.10
JY0700640	液压弯管机	D60mm	26565.00	4	130	12	1500	2	1292.50	1.16
JY0700650	多辊板料校平机	10mm×2000mm	1221412.50	3	140	13	1800	2	46995.30	0.52
JY0700660	多辊板料校平机	16mm×2500mm	1902285.00	3	140	13	1800	2	72994.90	0.52
JY0700670	卷板机	20mm×1600mm	37422.00	4	175	14	2440	2	2262.70	0.77
JY0700680	卷板机	20mm×2500mm	192307.50	4	175	14	2440	2	11630.30	0.77
JY0700690	卷板机	30mm×2000mm	332640.00	3	175	14	2440	2	20116.80	0.77
JY0700700	卷板机	30mm×3000mm	522736.51	3	175	14	2440	2	35455.64	0.77
JY0700710	卷板机	40mm×4000mm	1247400.00	3	175	14	2440	2	75438.00	0.77
JY0700720	卷板机	45mm×3500mm	1642410.00	3	175	14	2440	2	99326.70	0.77
JY0700730	联合冲剪机	16mm	67567.50	4	120	11	1350	2	6125.90	1.03
JY0700740	折方机	4mm×2000mm	31185.00	4	130	12	1500	2	5129.30	0.42
JY0700750	刨边机	9000mm	519750.00	3	160	14	2160	2	33462.00	1.07
JY0700760	刨边机	12000mm	602910.00	3	160	14	2160	2	38815.70	1.07
JY0700770	管子切断机	φ60mm	7276.50	4	130	12	1500	2	1196.80	2.80
JY0700780	管子切断机	φ150mm	21829.50	4	130	12	1500	2	3590.40	2.09

编号	机 械 名 称	规格型号	预算价格（元）	残值率（%）	年工作台班	折旧年限	耐用总台班	大修理次数	一次大修费（元）	K值
JY0700790	管子切断机	φ250mm	23793.00	4	130	12	1500	2	3913.80	2.09
JY0700800	切管机	9A151	63987.00	4	130	12	1500	2	10524.80	2.09
JY0700810	螺栓套丝机	φ39mm	4389.00	4	130	12	1500	2	1254.00	1.70
JY0700820	管子切断套丝机	φ159mm	7276.50	4	130	12	1500	2	1861.20	3.30
JY0700830	咬口机	1.2mm	9240.00	4	150	8	1200	2	1410.20	2.79
JY0700840	咬口机	1.5mm	5890.50	4	150	8	1200	2	3170.65	2.79
JY0700850	坡口机	2.2kW	13513.50	4	100	8	800	2	2063.60	2.40
JY0700860	坡口机	2.8kW	8074.00	4	100	8	800	2	2170.94	2.40
JY0700870	弓锯床	φ250mm	17325.00	4	100	12	1200	2	2645.50	1.51
JY0700880	手提圆锯机		8258.80	4	150	9	1300	2	2007.50	2.95
JY0700890	手提砂轮机	φ150mm 以内	1775.35	4	120	8	960	2	0.00	
JY0700900	台式砂轮机	φ250mm	2541.00	4	120	8	960	2	0.00	
JY0700910	法兰卷圆机	L40×4mm	9586.50	4	100	8	800	2	1463.00	3.20
JY0700920	电锤	520kW	2541.00	4	170	8	1360	2	0.00	
JY0700930	摩擦压力机	1600kN	101409.00	4	150	13	2000	2	14941.30	1.58
JY0700940	摩擦压力机	3000kN	248440.50	4	150	13	2000	2	36603.60	1.58
JY0700950	开式可倾压力机	630kN	55440.00	4	120	10	1200	2	5443.90	1.67
JY0700960	开式可倾压力机	800kN	63525.00	4	120	10	1200	2	6238.10	1.67
JY0700970	开式可倾压力机	1250kN	91938.00	4	120	10	1200	2	9027.70	1.67
JY0700980	空气锤	75kg	23446.50	4	170	11	1950	2	2802.80	1.28

编　号	机　械　名　称	规格型号	预算价格（元）	残值率（%）	年工作台班	折旧年限	耐用总台班	大修理次数	一次大修费（元）	K值
JY0700990	空气锤	150kg	39501.00	4	170	11	1950	2	4721.20	1.28
JY0701000	空气锤	400kg	119542.50	4	170	11	1950	2	14287.90	1.28
JY0701010	炉底铲平机	8m³/h 以内	13790.45	4	120	10	1200	2	1425.60	1.67
JY0701020	牵引机	P300 – 212	840026.39	4	120	10	1200	2	85714.20	1.67
JY0701030	牵引机	DSJ4Q	572773.92	4	120	10	1200	2	58449.60	1.67
JY0701040	张力机	T50 – 4H	818830.33	4	120	10	1200	2	82163.40	1.67
JY0701050	张力机	DSJ4E	524567.40	4	120	10	1200	2	52166.40	1.67
JY0701060	钢绳卷车	DSJ9 – 5	35821.09	4	100	8	800	2	9099.20	3.20
JY0701070	导线卷车	DSJ23 – 12L	24285.49	4	100	8	800	2	6239.20	3.20

八、泵类机械

编号	机械名称	规格型号	预算价格（元）	残值率（%）	年工作台班	折旧年限	耐用总台班	大修理次数	一次大修费（元）	K值
JY0800010	电动单级离心清水泵	φ50mm	2887.50	4	120	10	1200	2	797.50	2.41
JY0800020	电动单级离心清水泵	φ100mm	8200.50	4	120	10	1200	2	2266.00	2.41
JY0800030	电动单级离心清水泵	φ150mm	11781.00	4	120	10	1200	2	3254.90	2.14
JY0800040	电动单级离心清水泵	φ200mm	15477.00	4	120	10	1200	2	4275.70	2.14
JY0800050	电动单级离心清水泵	φ250mm	33033.00	4	120	10	1200	2	9126.70	2.14
JY0800060	内燃单级离心清水泵	φ50mm	3465.00	4	120	10	1200	2	936.10	1.79
JY0800070	内燃单级离心清水泵	φ100mm	8085.00	4	120	10	1200	2	2185.70	1.79
JY0800080	内燃单级离心清水泵	φ150mm	12358.50	4	120	10	1200	2	3340.70	1.79
JY0800090	内燃单级离心清水泵	φ200mm	20790.00	4	120	10	1200	2	5618.80	1.79
JY0800100	内燃单级离心清水泵	φ250mm	41118.00	4	120	10	1200	2	11113.30	1.79
JY0800110	电动多级离心清水泵	φ50mm 120m 以下	7161.00	4	120	10	1200	2	1542.20	2.58
JY0800120	电动多级离心清水泵	φ100mm 120m 以下	13398.00	4	120	10	1200	2	2885.30	2.58
JY0800130	电动多级离心清水泵	φ100mm 120m 以上	15592.50	4	120	10	1200	2	3357.20	2.58
JY0800140	电动多级离心清水泵	φ150mm 180m 以下	33264.00	4	120	10	1200	2	7163.20	2.58
JY0800150	电动多级离心清水泵	φ150mm 180m 以上	43081.50	4	120	10	1200	2	9277.40	2.58
JY0800160	电动多级离心清水泵	φ200mm 280m 以下	48741.00	4	120	10	1200	2	10495.10	2.58
JY0800170	电动多级离心清水泵	φ200mm 280m 以上	57403.50	4	120	10	1200	2	12360.70	2.58
JY0800180	单级自吸水泵	φ150mm	29683.50	4	150	10	1500	1	4316.40	2.02

编　号	机　械　名　称	规格型号	预算价格（元）	残值率（%）	年工作台班	折旧年限	耐用总台班	大修理次数	一次大修费（元）	K值
JY0800190	污水泵	ϕ70mm	3234.00	4	120	8	1000	1	518.10	3.24
JY0800200	污水泵	ϕ100mm	7161.00	4	120	8	1000	1	1147.30	3.24
JY0800210	污水泵	ϕ150mm	8778.00	4	120	8	1000	1	1406.90	3.24
JY0800220	污水泵	ϕ200mm	36613.50	4	120	8	1000	1	5868.50	3.24
JY0800230	泥浆泵	ϕ50mm	3234.00	4	120	8	1000	1	594.00	3.24
JY0800240	泥浆泵	ϕ100mm	18364.50	4	120	8	1000	1	3373.70	3.24
JY0800250	耐腐蚀泵	ϕ40mm	6699.00	4	120	8	1000	1	1456.40	5.39
JY0800260	耐腐蚀泵	ϕ50mm	9586.50	4	120	8	1000	1	2083.40	5.39
JY0800270	耐腐蚀泵	ϕ80mm	9933.00	4	120	8	1000	1	2159.30	5.39
JY0800280	耐腐蚀泵	ϕ100mm	10741.50	4	120	8	1000	1	2334.20	5.39
JY0800290	真空泵	204m^3/h	10857.00	4	100	10	1000	1	2359.50	2.15
JY0800300	真空泵	660m^3/h	12243.00	4	100	10	1000	1	2660.90	2.15
JY0800310	潜水泵	ϕ50mm 以内	1549.24	4	150	8	1200	1	336.52	5.44
JY0800320	潜水泵	ϕ100mm	3003.00	4	150	8	1200	1	652.30	5.44
JY0800330	潜水泵	ϕ150mm	9216.90	4	150	8	1200	1	2003.10	5.44
JY0800340	砂泵	ϕ65mm	7161.00	4	100	8	800	1	1556.50	3.76
JY0800350	砂泵	ϕ100mm	11896.50	4	100	8	800	1	2585.00	3.76
JY0800360	砂泵	ϕ125mm	24832.50	4	100	8	800	1	5396.60	3.76
JY0800370	高压油泵	50MPa	6930.00	4	150	8	1200	1	1505.90	3.33
JY0800380	高压油泵	80MPa	12936.00	4	150	8	1200	1	2811.60	3.33

编 号	机 械 名 称	规格型号	预算价格（元）	残值率（%）	年工作台班	折旧年限	耐用总台班	大修理次数	一次大修费（元）	K 值
JY0800390	试压泵	25MPa	4735.50	4	150	8	1200	1	1029.60	3.04
JY0800400	试压泵	30MPa	4966.50	4	150	8	1200	1	1079.10	3.04
JY0800410	试压泵	60MPa	6814.50	4	150	8	1200	1	1480.60	3.04
JY0800420	试压泵	80MPa	8662.50	4	150	8	1200	1	1883.20	3.04
JY0800430	比例泵	2DB－5/10	14149.30	4	200	8	1500	2	3850.33	2.38
JY0800440	比例泵	3DS－1.8/200	20905.50	4	200	8	1500	2	5004.63	2.38
JY0800450	比例泵	2DB－3/37	28759.50	4	200	8	1500	2	7382.99	2.38
JY0800460	衬胶泵	ϕ100mm	24255.00	4	120	10	1200	2	4823.50	2.00
JY0800470	射流井点泵	9.5m	8200.50	4	150	8	1200	2	931.70	3.72

九、焊接机械

编　号	机　械　名　称	规格型号	预算价格（元）	残值率（%）	年工作台班	折旧年限	耐用总台班	大修理次数	一次大修费（元）	K值
JY0900010	交流弧焊机	21kV·A	4042.50	4	150	10	1500	1	933.90	3.33
JY0900020	交流弧焊机	30kV·A	5751.90	4	150	10	1500	1	1887.30	3.33
JY0900030	交流弧焊机	32kV·A	5197.50	4	150	10	1500	1	1201.20	3.33
JY0900040	交流弧焊机	40kV·A	6121.50	4	150	10	1500	1	2097.99	3.33
JY0900050	交流弧焊机	42kV·A	5428.50	4	150	10	1500	1	1255.10	3.33
JY0900060	交流弧焊机	50kV·A	6121.50	4	150	10	1500	1	1414.60	3.33
JY0900070	交流弧焊机	80kV·A	7854.00	4	150	10	1500	1	1815.00	3.33
JY0900080	直流弧焊机	10kW	5544.00	4	150	10	1500	1	1281.50	4.00
JY0900090	直流弧焊机	12kW	8223.60	4	150	10	1500	1	1745.07	3.71
JY0900100	直流弧焊机	14kW	9009.00	4	150	10	1500	1	1975.90	3.71
JY0900110	直流弧焊机	15kW	9355.50	4	150	10	1500	1	2019.82	3.71
JY0900120	直流弧焊机	20kW	10048.50	4	150	10	1500	1	2322.10	3.71
JY0900130	直流弧焊机	30kW	11377.30	4	150	10	1500	1	3083.51	3.71
JY0900140	直流弧焊机	32kW	13282.50	4	150	10	1500	1	3070.10	3.71
JY0900150	直流弧焊机	40kW	15361.50	4	150	10	1500	1	3550.80	3.71
JY0900160	对焊机	10kV·A	4620.00	4	150	8	1250	1	1330.35	3.13
JY0900170	对焊机	25kV·A	6006.00	4	150	8	1250	1	2111.74	3.13
JY0900180	对焊机	75kV·A	11434.50	4	150	8	1250	1	2643.30	3.13

编号	机械名称	规格型号	预算价格（元）	残值率（%）	年工作台班	折旧年限	耐用总台班	大修理次数	一次大修费（元）	K值
JY0900190	硅整流焊机	15kV·A	9506.20	4	160	9	1500	1	2196.70	3.45
JY0900200	硅整流焊机	20kV·A	11319.00	4	160	9	1500	1	2615.80	3.45
JY0900210	磁放大弧焊整流器	ZXG2-400	11665.50	4	160	9	1500	1	3746.60	3.33
JY0900220	氩弧焊机	500A	16516.50	4	100	8	800	1	3818.10	3.40
JY0900230	二氧化碳气体保护焊机	250A	15477.00	4	100	8	800	1	3577.20	5.15
JY0900240	二氧化碳气体保护焊机	500A 以内	34899.92	4	100	8	800	1	8056.38	5.15
JY0900250	等离子弧焊机	300A	23908.50	4	100	8	800	1	3921.50	5.40
JY0900260	等离子切割机	400A	20790.00	4	160	5	800	1	2987.60	5.97
JY0900270	半自动切割机	100mm	3811.50	4	150	10	1500	1	629.20	6.26
JY0900280	自动仿形切割机	60mm	9933.00	4	150	10	1500	1	1640.10	6.26
JY0900290	林肯电焊机	52kV 以内	131211.91	4	150	10	1500	1	14410.61	5.32
JY0900300	自动埋弧焊机	500A	30838.50	4	150	10	1500	1	3386.90	5.32
JY0900310	自动埋弧焊机	1200A	38115.00	4	150	10	1500	1	4185.50	5.32
JY0900320	自动埋弧焊机	1500A	46200.00	4	150	10	1500	1	5073.20	5.32
JY0900330	自动电弧焊机	1500A 以内	35827.14	4	150	10	1500	1	3934.16	5.32
JY0900340	电渣焊机	1000A	58212.00	4	150	10	1500	1	8210.40	3.18
JY0900350	缝焊机	150kV·A	27142.50	4	150	10	1500	1	3828.00	3.18
JY0900360	点焊机	短臂 50kV·A	7161.00	4	150	10	1500	1	1643.40	2.92
JY0900370	点焊机	长臂 75kV·A	11434.50	4	150	10	1500	1	2624.60	2.92
JY0900380	点焊机	100kV·A	20905.50	4	150	10	1500	1	4798.20	2.92

编 号	机 械 名 称	规格型号	预算价格（元）	残值率（%）	年工作台班	折旧年限	耐用总台班	大修理次数	一次大修费（元）	K值
JY0900390	点焊机	多头 6×35kV·A	46777.50	4	150	10	1500	1	10737.10	2.92
JY0900400	汽油电焊机	160A	18480.00	4	200	6	1200	1	4058.67	1.19
JY0900410	柴油电焊机	500A	32917.50	4	200	6	1200	1	6065.88	1.19
JY0900420	拖拉机驱动弧焊机	二弧 2×50A	111457.50	4	150	8	1200	1	16126.57	0.53
JY0900430	拖拉机驱动弧焊机	四弧	693000.00	3	150	8	1200	1	91051.73	0.53

十、动力机械

编　号	机　械　名　称	规格型号	预算价格 （元）	残值率 （%）	年工作 台班	折旧 年限	耐用 总台班	大修理 次数	一次大修费 （元）	K 值
JY1000010	柴油发电机组	30kW	47932.50	4	150	15	2250	2	5505.50	3.26
JY1000020	柴油发电机组	50kW	54169.50	4	150	15	2250	2	6221.60	3.26
JY1000030	柴油发电机组	60kW	64449.00	4	150	15	2250	2	7401.90	3.26
JY1000040	柴油发电机组	90kW	76461.00	4	150	15	2250	2	8782.40	3.26
JY1000050	柴油发电机组	120kW	93555.00	4	150	15	2250	2	10745.90	3.26
JY1000060	柴油发电机组	160kW	142065.00	4	150	15	2250	2	16317.40	3.26
JY1000070	柴油发电机组	200kW	192307.50	4	150	15	2250	2	22088.00	3.26
JY1000080	柴油发电机组	320kW	296257.50	3	150	15	2250	2	34027.40	2.73
JY1000090	汽油发电机组	10kW	26796.00	4	180	13	2250	2	3077.80	3.86
JY1000100	电动空气压缩机	0.3m³/min	3234.00	4	200	10	1980	2	477.40	4.78
JY1000110	电动空气压缩机	0.6m³/min	4158.00	4	200	10	1980	2	613.80	4.78
JY1000120	电动空气压缩机	1m³/min	5428.50	4	200	10	1980	2	801.90	4.78
JY1000130	电动空气压缩机	3m³/min	32340.00	4	200	10	1980	2	4777.30	2.11
JY1000140	电动空气压缩机	6m³/min	46315.50	4	200	10	1980	2	6842.00	2.11
JY1000150	电动空气压缩机	10m³/min	65026.50	4	200	10	1980	2	9605.20	2.11
JY1000160	电动空气压缩机	20m³/min	110187.00	4	200	10	1980	2	16276.70	2.11
JY1000170	电动空气压缩机	40m³/min	327442.50	3	200	10	1980	2	48368.10	1.65
JY1000180	内燃空气压缩机	3m³/min	39732.00	4	200	10	1980	2	8180.70	3.32

编　号	机　械　名　称	规格型号	预算价格（元）	残值率（％）	年工作台班	折旧年限	耐用总台班	大修理次数	一次大修费（元）	K 值
JY1000190	内燃空气压缩机	6m³/min	68145.00	4	200	10	1980	2	14031.60	3.32
JY1000200	内燃空气压缩机	9m³/min	89974.50	4	200	10	1980	2	18526.20	3.32
JY1000210	内燃空气压缩机	12m³/min	96211.50	4	200	10	1980	2	19809.90	3.32
JY1000220	内燃空气压缩机	17m³/min	106029.00	4	200	10	1980	2	21831.70	3.32
JY1000230	内燃空气压缩机	40m³/min	293716.50	3	200	10	1980	2	60478.00	2.38
JY1000240	无油空气压缩机	9m³/min	167475.00	4	200	10	2000	2	29423.65	1.38
JY1000250	无油空气压缩机	20m³/min	344190.00	4	200	10	2000	2	51785.62	1.38
JY1000260	工业锅炉	1t/h	137791.50	4	200	8	1600	1	22348.70	0.52
JY1000270	工业锅炉	2t/h	166320.00	4	200	8	1600	1	26975.30	0.52
JY1000280	工业锅炉	4t/h	264033.00	4	200	8	1600	1	42824.10	0.52

十一、地下工程机械

编 号	机 械 名 称	规格型号	预算价格 （元）	残值率 （%）	年工作 台班	折旧 年限	耐用 总台班	大修理 次数	一次大修费 （元）	K值
JY1100010	干式出土盾构掘进机	φ3500mm	1723953.00	5	250	9	2250	1	311953.40	1.73
JY1100020	干式出土盾构掘进机	φ5000mm	2579461.50	5	250	9	2250	1	466759.70	1.73
JY1100030	干式出土盾构掘进机	φ7000mm	3429657.00	5	250	9	2250	1	620604.60	1.73
JY1100040	干式出土盾构掘进机	φ10000mm	5667354.00	5	250	9	2250	1	1025521.20	1.73
JY1100050	干式出土盾构掘进机	φ12000mm	8085808.50	5	250	9	2250	1	1463146.30	1.73
JY1100060	水力出土盾构掘进机	φ3500mm	1959804.00	5	250	9	2250	1	319168.30	1.70
JY1100070	水力出土盾构掘进机	φ5000mm	2788978.50	5	250	9	2250	1	454205.40	1.70
JY1100080	水力出土盾构掘进机	φ7000mm	3665508.00	5	250	9	2250	1	596954.60	1.70
JY1100090	水力出土盾构掘进机	φ10000mm	6253632.00	5	250	9	2250	1	1018448.20	1.70
JY1100100	水力出土盾构掘进机	φ12000mm	8891883.00	5	250	9	2250	1	1448107.10	1.70
JY1100110	气压平衡式盾构掘进机	φ3500mm	3312886.50	5	225	10	2250	1	599474.70	1.53
JY1100120	气压平衡式盾构掘进机	φ5000mm	4160656.50	5	225	10	2250	1	752880.70	1.53
JY1100130	气压平衡式盾构掘进机	φ7000mm	5438548.50	5	225	10	2250	1	984118.30	1.53
JY1100140	刀盘式干出土土压平衡式盾构掘进机	φ3500mm	2830443.00	5	225	10	2250	1	512175.40	1.73
JY1100150	刀盘式干出土土压平衡式盾构掘进机	φ5000mm	4234923.00	5	225	10	2250	1	766319.40	1.73
JY1100160	刀盘式干出土土压平衡式盾构掘进机	φ7000mm	5630971.50	5	225	10	2250	1	1018937.70	1.73
JY1100170	刀盘式水力出土泥水平衡式盾构掘进机	φ3500mm	3025060.50	5	225	10	2250	1	492652.60	1.70
JY1100180	刀盘式水力出土泥水平衡式盾构掘进机	φ5000mm	4526214.00	5	225	10	2250	1	737126.50	1.70
JY1100190	刀盘式水力出土泥水平衡式盾构掘进机	φ7000mm	6033720.00	5	225	10	2250	1	982634.40	1.70

编号	机械名称	规格型号	预算价格（元）	残值率（%）	年工作台班	折旧年限	耐用总台班	大修理次数	一次大修费（元）	K值
JY1100200	盾构同步压浆泵	D2.1m×7m	340609.50	3	140	8	1120	1	47555.20	1.17
JY1100210	医疗闸设备	D2.1m×7m	191383.50	4	200	10	2000	1	26721.20	2.21
JY1100220	垂直顶升设备		362323.50	4	150	10	1500	1	55797.50	1.96
JY1100230	履带式绳索抓斗成槽机	550A-50MHL-630	1912680.00	3	220	12	2625	2	205476.70	1.41
JY1100240	履带式液压抓斗成槽机	KH180MHL-800	2902399.50	3	220	12	2625	2	311800.50	1.41
JY1100250	履带式液压抓斗成槽机	KH180MHL-1200	4671282.00	3	220	12	2625	2	501828.80	1.41
JY1100260	导杆式液压抓斗成槽机	E50KRC2/45K2502	5400202.50	3	220	12	2625	2	385729.30	1.41
JY1100270	井架式液压抓斗成槽机		338415.00	3	220	12	2625	2	36355.00	4.90
JY1100280	反循环钻机	60P45A	2974009.50	3	220	12	2700	2	233955.70	1.75
JY1100290	多头钻成槽机	BW	4580268.00	3	220	10	2250	2	360314.90	3.12
JY1100300	超声波测壁机		39039.00	4	150	6	900	2	5212.90	1.65
JY1100310	泥浆制作循环设备		1245321.00	3	175	10	1750	1	77446.60	1.51
JY1100320	锁口管顶升机		83160.00	4	150	10	1500	1	10367.50	4.39
JY1100330	沉井钻吸机组	KH180-2配GZQ1250A	2247976.50	3	200	13	2625	2	386009.80	1.36
JY1100340	潜水电钻	75型	27720.00	4	100	8	800	1	5681.50	2.32
JY1100350	潜水电钻	80型	36498.00	4	100	8	800	1	7480.00	2.32
JY1100360	液压钻机	G-2A	63178.50	4	200	7	1400	1	12948.10	1.07
JY1100361	深层搅拌钻机	CZB-600	817446.00	3	200	13	2625	1	147140.28	1.36
JY1100363	振冲器	30kV·A	25857.50	4	150	10	1500	1	7757.25	3.71
JY1100370	双液压注浆泵	PH2×5	124740.00	3	120	9	1120	1	25566.20	0.96

编号	机 械 名 称	规格型号	预算价格（元）	残值率（%）	年工作台班	折旧年限	耐用总台班	大修理次数	一次大修费（元）	K值
JY1100380	液压注浆泵	HYB50/50－1型	51744.00	4	120	9	1120	1	10605.10	0.96
JY1100390	刀盘式土压平衡顶管掘进机	φ1650mm	832293.00	3	225	10	2250	1	121435.60	1.84
JY1100400	刀盘式土压平衡顶管掘进机	φ1800mm	1107991.50	3	225	10	2250	1	161661.50	1.84
JY1100410	刀盘式土压平衡顶管掘进机	φ2200mm	1315891.50	3	225	10	2250	1	191995.10	1.84
JY1100420	刀盘式土压平衡顶管掘进机	φ2460mm	2511316.50	3	225	10	2250	1	366413.30	1.84
JY1100430	刀盘式土压平衡顶管掘进机	φ2800mm	2759988.00	3	225	10	2250	1	402695.70	1.84
JY1100440	刀盘式土压平衡顶管掘进机	φ3000mm	2977128.00	3	225	10	2250	1	434376.80	1.84
JY1100450	人工挖土法顶管设备	φ1200mm	24832.50	4	225	10	2250	1	4775.10	4.36
JY1100460	人工挖土法顶管设备	φ1650mm	29106.00	4	225	10	2250	1	5596.80	4.36
JY1100470	人工挖土法顶管设备	φ2000mm	32224.50	4	225	10	2250	1	6196.30	4.36
JY1100480	人工挖土法顶管设备	φ2460mm	34881.00	4	225	10	2250	1	6706.70	4.36
JY1100490	挤压法顶管设备	φ1000mm	51975.00	4	225	10	2250	1	10038.60	2.74
JY1100500	挤压法顶管设备	φ1200mm	62370.00	4	225	10	2250	1	12046.10	2.74
JY1100510	挤压法顶管设备	φ1400mm	65835.00	4	225	10	2250	1	12716.00	2.74
JY1100520	挤压法顶管设备	φ1500mm	75075.00	4	225	10	2250	1	14500.20	2.74
JY1100530	挤压法顶管设备	φ1650mm	92746.50	4	225	10	2250	1	17913.50	2.74
JY1100540	挤压法顶管设备	φ1800mm	113074.50	4	225	10	2250	1	21839.40	2.74
JY1100550	挤压法顶管设备	φ2000mm	142758.00	4	225	10	2250	1	27572.60	2.74
JY1100560	挤压法顶管设备	φ2200mm	191037.00	4	225	10	2250	1	36897.30	2.74
JY1100570	挤压法顶管设备	φ2400mm	297412.50	4	225	10	2250	1	57443.10	2.74

编 号	机 械 名 称	规格型号	预算价格 （元）	残值率 （%）	年工作 台班	折旧 年限	耐用 总台班	大修理 次数	一次大修费 （元）	K值
JY1100580	液压柜(动力系统)		16516.50	4	225	10	2250	1	3190.00	5.40
JY1100590	遥控顶管掘进机	ϕ800mm	2402977.50	3	225	10	2250	1	578087.40	1.84
JY1100600	遥控顶管掘进机	ϕ1200mm	2484520.50	3	225	10	2250	1	597704.80	1.84
JY1100610	遥控顶管掘进机	ϕ1350mm	2600598.00	3	225	10	2250	1	625629.40	1.84
JY1100620	遥控顶管掘进机	ϕ1650mm	2785744.50	3	225	10	2250	1	670170.60	1.84
JY1100630	遥控顶管掘进机	ϕ1800mm	3118038.00	3	225	10	2250	1	750110.90	1.84
JY1100640	三壁凿岩台车	H178	7035105.00	3	235	12	2814	2	1326619.80	2.71
JY1100650	三向倾卸轮胎式装载机	996D	2084544.00	3	235	12	2814	2	263446.70	2.71
JY1100660	装药台车	DT－100	2214712.50	3	235	12	2814	2	252898.80	2.71

十二、其他机械

编号	机械名称	规格型号	预算价格（元）	残值率（%）	年工作台班	折旧年限	耐用总台班	大修理次数	一次大修费（元）	K值
JY1200010	轴流风机	7.5kW	3003.00	4	100	10	1000	1	438.90	2.52
JY1200020	轴流风机	30kW	7854.00	4	100	10	1000	1	1148.40	2.52
JY1200030	轴流风机	100kW	16401.00	4	100	10	1000	1	2398.00	1.87
JY1200040	离心通风机	$335 \sim 1300 m^3/min$	8547.00	4	120	8	1000	1	2379.30	1.87
JY1200050	离心通风机	$464 \sim 1717 m^3/min$	10279.50	4	120	8	1000	1	2861.10	1.87
JY1200060	离心通风机	$585 \sim 2463 m^3/min$	16516.50	4	120	8	1000	1	4598.00	1.25
JY1200070	离心通风机	$747 \sim 3132 m^3/min$	22638.00	4	120	8	1000	1	6301.90	1.25
JY1200080	吹风机	$4 m^3/min$	6237.00	4	100	10	1000	1	869.00	2.52
JY1200090	鼓风机	$8 m^3/min$ 以内	1384.38	4	100	10	1000	1	133.58	2.42
JY1200100	鼓风机	$18 m^3/min$	16632.00	4	100	10	1000	1	1604.90	2.42
JY1200110	风动锻钎机		16747.50	4	130	12	1560	2	3480.40	0.70
JY1200120	液压锻钎机	11.25kW	27489.00	4	130	12	1560	2	6008.20	0.70
JY1200130	电动修钎机		39270.00	4	140	11	1560	2	4963.20	0.68
JY1200140	立式液压千斤顶	100t	3003.00	4	130	12	1560	2	787.60	1.66
JY1200150	立式液压千斤顶	200t	3811.50	4	130	12	1560	2	1025.20	1.66
JY1200160	立式液压千斤顶	300t	6352.50	4	130	12	1560	2	1485.00	1.66
JY1200170	磨砖机	4kW	6699.00	4	100	8	800	1	1554.30	1.26
JY1200180	切砖机	5.5kW	3696.00	4	100	8	800	1	858.00	0.97
JY1200190	钻砖机	$\phi 13mm$	3003.00	4	100	8	800	1	584.10	1.69

编　号	机　械　名　称	规格型号	预算价格（元）	残值率（％）	年工作台班	折旧年限	耐用总台班	大修理次数	一次大修费（元）	K值
JY1200200	平面水磨石机	3kW	3234.00	4	120	8	1000	1	697.40	8.50
JY1200210	立面水磨石机	1.1kW	7854.00	4	120	8	1000	1	892.10	8.50
JY1200220	除锈喷砂机	3m³/min	13051.50	4	150	10	1500	2	2170.30	1.43
JY1200230	箱式加热炉	RJX－45－9	15592.50	4	120	8	1000	1	4455.00	1.06
JY1200240	箱式加热炉	RJX－75－9	24948.00	4	120	8	1000	1	7128.00	1.06
JY1200250	箱式加热炉	RJX－50－13	27604.50	4	120	8	1000	1	7887.00	1.06
JY1200260	立爪扒渣机	瑞典9HR	623700.00	3	180	13	2400	2	101692.80	2.29
JY1200270	梭式矿车	8m³	106029.00	4	180	9	1620	2	13369.40	0.92
JY1200280	电瓶车	2.5t	48394.50	4	180	9	1620	2	6457.00	1.59
JY1200290	电瓶车	5t	74382.00	4	180	9	1620	2	9924.20	2.19
JY1200300	电瓶车	7t	94017.00	4	180	9	1620	2	12544.40	2.19
JY1200310	电瓶车	8t	94710.00	4	180	9	1620	2	12636.80	2.19
JY1200320	电瓶车	10t	113883.00	4	180	9	1620	2	15195.40	2.19
JY1200330	电瓶车	12t	146223.00	4	180	9	1620	2	19510.70	2.19
JY1200340	硅整流充电机	90A/190V	14553.00	4	150	10	1500	1	4158.00	3.16
JY1200350	泥浆拌合机	100～150L	3696.00	4	180	10	1750	1	1056.00	4.20
JY1200360	潜水设备		26218.50	4	120	8	960	1	2416.70	14.00
JY1200370	潜水减压仓		155925.00	4	180	8	1440	1	18711.00	3.23
JY1200380	气动灌浆机		5313.00	4	150	8	1200	1	1131.90	5.24
JY1200390	电动灌浆机		7276.50	4	150	8	1200	1	1549.90	5.24

编号	机 械 名 称	规格型号	预算价格（元）	残值率（%）	年工作台班	折旧年限	耐用总台班	大修理次数	一次大修费（元）	K值
JY1200400	组合烘箱		28066.50	4	150	8	1200	1	5979.60	1.03
JY1200410	液压升降机	9m	16632.00	4	120	10	1200	1	2835.80	3.99
JY1200420	平台升降车	20m	323515.50	4	180	10	1800	2	43227.80	1.40
JY1200430	平台升降车	40m	2020641.70	4	180	10	1800	2	69336.30	1.40
JY1200440	反吸式除尘机	D2－FX1	39385.50	4	150	8	1200	1	3758.70	1.13
JY1200450	电焊条烘干箱	45cm×35cm×45cm	6352.50	4	150	8	1200	1	1438.80	1.73
JY1200460	电焊条烘干箱	55cm×45cm×55cm	8316.00	4	150	8	1200	1	1883.20	1.73
JY1200470	电焊条烘干箱	60cm×50cm×75cm	10972.50	4	150	8	1200	1	2484.90	1.73
JY1200480	电焊条烘干箱	80cm×80cm×100cm	15015.00	4	150	8	1200	1	3400.10	1.73
JY1200490	架空索道 绞盘机	型号 KJ－3	24233.00	4	100	9	900	2	7251.75	1.73
JY1200500	超声波探伤机	CTS－8	15246.00	4	100	9	900	2	3828.39	1.86
JY1200510	超声波探伤机	CTS－22	12243.00	4	100	9	900	2	2651.00	1.86
JY1200520	超声波探伤机	CTS－26	20328.00	4	100	9	900	2	4402.20	2.26
JY1200530	X 射线探伤机	1605	10395.00	4	100	9	900	2	1591.70	2.26
JY1200540	X 射线探伤机	2005	25987.50	4	100	9	900	2	3979.80	2.26
JY1200550	X 射线探伤机	2505	27027.00	4	100	9	900	2	4139.30	2.26
JY1200560	X 射线探伤机	3005	55093.50	4	100	9	900	2	8437.00	2.26
JY1200570	周向 X 光探伤机	携带式 2005	31762.50	4	100	9	900	2	8162.00	1.64
JY1200580	磁粉探伤机	6000A	56760.00	4	120	8	900	2	14601.40	1.49
JY1200590	磁粉探伤机	9000A	66990.00	4	120	8	900	2	17212.80	1.49

编 号	机 械 名 称	规格型号	预算价格(元)	残值率(%)	年工作台班	折旧年限	耐用总台班	大修理次数	一次大修费(元)	K值
JY1200600	磁粉探伤机	12500A	195426.00	4	120	8	900	2	50519.93	1.49
JY1200610	冷缠机	157kW	310695.00	3	150	10	1500	2	43323.50	2.75
JY1200620	打洞立杆机	92kW	248325.00	3	180	10	1800	2	47558.50	2.70
JY1200630	通井机	66kW	232270.50	3	200	11	2250	2	28934.40	2.70
JY1200640	抓管机	80kW	171517.50	3	170	13	2250	2	29190.70	2.70
JY1200650	抓管机	120kW	417879.00	3	170	13	2250	2	71119.40	2.70
JY1200660	抓管机	160kW	462577.50	3	170	13	2250	2	78725.90	2.70
JY1200670	吊管机	75kW	186417.00	3	170	13	2250	2	24855.60	2.70
JY1200680	吊管机	165kW	595633.50	3	170	13	2250	2	79417.80	2.70
JY1200690	吊管机	240kW	795217.50	3	170	13	2250	2	106029.00	2.70
JY1200700	高压压风机车	300kW	608107.50	2	170	13	2250	2	51312.80	2.80
JY1200710	水泥车	30Pa	395010.00	2	180	8	1500	1	33331.10	2.70
JY1200720	水泥车	40Pa	843265.50	2	180	8	1500	1	71155.70	2.70
JY1200730	横穿孔机	40kW	587433.00	3	120	12	1440	1	65792.10	2.20
JY1200740	履带式钻孔机	ϕ400~700mm	483367.50	3	200	14	2700	2	23523.50	3.45
JY1200750	轻便钻机	XJ－100	20559.00	4	200	11	2250	2	3165.80	4.15
JY1200760	液压钻机	XU－100	71841.00	4	200	11	2250	2	4837.80	4.75
JY1200770	工程修理车	JX－12A	121159.50	2	180	8	1500	1	27094.10	2.30
JY1200780	工程修理车	EQ－141	217371.00	2	180	8	1500	1	41052.00	2.30
JY1200790	滤油机	LX100 型	5890.50	4	200	8	1600	1	723.80	2.30

编号	机械名称	规格型号	预算价格（元）	残值率（%）	年工作台班	折旧年限	耐用总台班	大修理次数	一次大修费（元）	K值
JY1200800	对口器	ϕ426mm	51166.50	4	200	8	1650	2	9711.90	1.60
JY1200810	对口器	ϕ529mm	55324.50	4	200	8	1650	2	10500.60	1.60
JY1200820	对口器	ϕ720mm	105567.00	4	200	8	1650	2	20037.60	1.60
JY1200830	喷射机	HP2V－5	20270.80	4	150	10	1500	1	2257.20	2.30
JY1200840	卧式快装锅炉	1t/h	52777.48	4	150	10	1500	1	8819.25	2.30
JY1200850	卧式快装锅炉	2t/h	80836.24	4	150	10	1500	1	12531.75	2.30
JY1200860	布袋除尘切砖机	ϕ400mm	10741.50	4	150	10	1500	1	1139.60	2.35
JY1200870	吸尘器	V3－85	1914.00	4	150	10	1500	1	0.00	1.06
JY1200880	热熔焊接机	SH－63	8778.00	4	150	8	1200	1	2039.40	1.06
JY1200890	热熔焊接机	SHD－160C	41118.00	4	150	8	1200	1	9554.60	1.06
JY1200900	热熔焊接机	SHD－630	204088.50	4	150	8	1200	1	47426.50	1.06
JY1200910	多角焊接机	DSH－250	131323.50	4	150	8	1200	1	30517.30	1.06
JY1200920	电熔焊接机	DRH－160A	19288.50	4	150	8	1200	1	4482.50	1.06
JY1200930	电动双梁桥式起重机	15t/3t	343035.00	4	250	10	2400	2	60031.40	2.17
JY1200940	电动双梁桥式起重机	20t/5t	373527.00	4	250	10	2400	2	65367.50	2.17
JY1200950	电动双梁桥式起重机	30t/5t	487410.00	4	250	10	2400	2	85297.30	2.17
JY1200960	电动双梁桥式起重机	50t/10t	632016.00	4	250	10	2400	2	110602.80	2.17
JY1200970	电动双梁桥式起重机	75t/20t	1056016.50	4	250	10	2400	2	184803.30	2.17
JY1200980	电动双梁桥式起重机	100t/20t	1199698.50	3	250	10	2400	2	209749.10	2.17
JY1200990	电动双梁桥式起重机	200t/25t	2136400.00	3	250	10	2400	2	363188.00	2.17